WEIXIU DIANGONG SHIXUN

校企合作精品教材

维修电工实训

主　编　胡绍金
副主编　周淑芳　陈会伟　贾新建
　　　　张建国　孙　明

复旦大学出版社

前　言

党的二十大报告指出"健全终身职业技能培训制度,推动解决结构性就业矛盾"是技能型人才不断向前的动力和努力的方向。维修电工实训是一门技能性很强的实践课程,是技术人员提升的参考用书。

《维修电工实训》是依据电工职业技能等级标准(职业编码:6-31-01-03)初级、中级、高级标准来编写的,是电气工程及其自动化、电子信息工程、机电一体化、机器人工程等相关专业实训参考用书。本教材主要以实训操作为主,结合实验室现有设备进行技能实训操作,通过技能操作可以提升学生的技能水平和解决实际问题的能力。本教材采用模块式项目化教学的方式,让学生按照由简单到复杂的学习过程、由理论到实践的操作过程,按照解决实际问题的能力和方法来编写此教材,让学生真正学到技能,为教师提供实践参考。

本教材共分为八个模块,三十八个实训项目,涵盖模块一"安全用电和触电急救及灭火器的使用实训",模块二"常用电工仪器仪表使用",模块三"变压器与电动机的应用",模块四"电气控制线路的安装实训",模块五"变频器的应用",模块六"步进、伺服电机控制",模块七"典型机床控制线路的故障分析",模块八"电工安全生产及典型案例分析"。每个模块后设有练习题,供学习者参考学习。

模块一、模块二由张建国老师主编,模块四由贾新建老师主编,模块五由陈会伟老师主编,模块三、模块六、模块七由胡绍金老师主编,模块八由青岛港华纺织科技有限公司孙明高级工程师主编,全书由胡绍金老师统稿和编排。

本教材在编写过程中得到了中国石油大学张加胜教授、山东科技大学冯开林教授的指导和帮助,得到了青岛黄海学院教务处、智能制造学院电气工程系老师的大力支持和帮助,在此一并表示感谢!

近年来,由于电气设备的不断更新,作者的学识有限,很难把所有的新技术全面完整地反应出来,遗漏和错误在所难免,殷切期望读者给予批评和指正。

作　者
2023年10月

目录

模块一

安全用电和触电急救及灭火器的使用实训　001
项目一　安全用电　002
项目二　触电急救　014
项目三　灭火器的使用　019

模块二

常用电工仪器仪表使用　025
项目一　万用表使用　026
项目二　兆欧表的使用　030
项目三　接地电阻测试仪的使用　033
项目四　钳形电流表的使用　036
项目五　辅助安全用具的使用　038

模块三

变压器与电动机的应用　043
项目一　三相调压器、三相变压器的拆装与检测　044
项目二　三相变压器紊乱12个出线端的整理与标记　048
项目三　三相变压器的连接组别 Y/y6　051
项目四　三相变压器的连接组别 Y/y12　055
项目五　三相变压器的连接组别 Y/△5　058
项目六　三相变压器的连接组别 Y/△11　061
项目七　三相变压器的连接组别 Y/△1　064
项目八　三相变压器的连接组别 Y/△7　067
项目九　三相异步电动机首尾端的判别方法　070

模块四

电气控制线路的安装实训　　077
- 项目一　常用低压电器的使用和选择　　078
- 项目二　点动正转控制线路与连续正转控制线路的安装　　104
- 项目三　接触器（按钮）联锁正反转控制线路的安装　　108
- 项目四　三相异步电动机的位置控制与自动循环控制线路　　112
- 项目五　三相异步电动机顺序控制线路的安装　　117
- 项目六　三相异步电动机的 Y—△降压启动控制线路　　121

模块五

变频器的应用　　127
- 项目一　变频器功能参数设置和操作实验　　128
- 项目二　变频器对电机点动控制、启停控制　　134
- 项目三　电机转速多段控制　　136
- 项目四　基于模拟量控制的电机开环调速　　138
- 综合训练　　140

模块六

步进、伺服电机控制　　143
- 项目一　两相混合式步进电机的控制　　144
- 项目二　交流伺服电机的控制　　146
- 项目三　伺服驱动器的配线　　152
- 项目四　伺服电机的试运转　　161

模块七

典型机床控制线路的故障分析　　167
- 项目一　普通车床（CA6140）控制线路分析及故障排查　　168
- 项目二　X62W 铣床电气控制单元常见故障分析及故障排查　　172
- 项目三　T68 镗床电气控制单元常见故障分析及故障排查　　179
- 项目四　Z3040 摇臂钻床电气控制线路　　185

模块八

电工安全生产及典型案例分析　　191
项目一　安全生产新法律法规　　192
项目二　安全重点知识再学习　　204
项目三　电工作业典型事故案例　　235

附录　　250
参考文献　　253

模块一

安全用电和触电急救及灭火器的使用实训

项目一 安 全 用 电

一、实训目的

(1) 通过观看图片和视频资料学会电气事故的判断。
(2) 通过观看视频学会触电事故的判断。
(3) 能分析触电原因及事故规律。
(4) 学会预防触电的措施及方法。

二、实训器材

实训器材包括:试电笔、绝缘手套、绝缘鞋(靴)、绝缘杆、绝缘夹钳、绝缘护罩、安全帽、遮栏、围栏。

三、实训内容及步骤

安全用电包括三个方面:供电系统的安全、用电设备的安全及人身安全,它们之间是紧密联系的。供电系统的故障可能导致用电设备的损坏或人身伤亡事故,而用电事故也可能导致局部或大范围停电,甚至造成严重的社会灾难。

(一) 电气事故的特点

电气事故分为电气设备老化引起的事故和电气短路引起的事故,如图 1-1、图 1-2 所示。

1. 危险因素不能被感觉器官察觉和预防

像飞速旋转的机器、红热的钢水、燃烧的火焰、难闻的毒气、危险的高空、汹涌的洪水等都能被人的感觉器官所感觉而预防。而电是一种没有形状、没有颜色、没有气味,也没有声音的一种客观存在的东西。在使用过程中,电容易被人们忽视,对它的危险性认识不足,所以容易出事故。

2. 电气事故的危险性大,损失严重,死亡率也较高

电气事故一旦发生,轻则损坏设备,重则造成停电影响生产;人触电轻则电伤,重则致残,甚至死亡;电气事故还能引起电气火灾;有的场所还有可能引起爆炸。

3. 预防电气事故的发生,必须具备一些基本知识

如果对电一无所知,那么电就会时时处处威胁着你,影响你的生活。

4. 电气事故发生速度快、时间短

电气事故来得突然,毫无预感,人一旦触电,自身容易失去防卫能力。

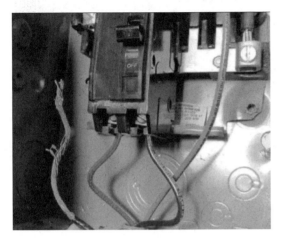
图1-1 电气设备老化

图1-2 电气短路

(二)触电事故的特点

1. 触电的电压等级

触电多发生在低压线路上,尤其在220 V、380 V电压段上。在这个电压段上,接触的人员广,也比较杂,相对来说缺少专业的电气知识。而在高压的情况下,接触人员一般经过专门培训,具有一定专业知识,还有安全的组织措施和安全技术措施来保证。所以,预防触电事故的重点应该放在低压线路和设备上。

2. 人体触及带电体

人体触电时,带电体构成闭合回路,就会有电流通过人体,对人体造成伤害。这种电流对人体的伤害主要有三种:电击、电伤和电磁场伤害。

(1)电击:是指电流流经人体内部,引起疼痛发麻,肌肉抽搐,严重时会引起强烈痉挛。电击还导致心室颤动或呼吸停止,甚至由于对人体心脏、呼吸系统以及神经系统的致命伤害,造成死亡。绝大部分触电死亡事故是由电击造成的,如图1-3所示。

(2)电伤:是指触电时,人体与带电体接触不良部分发生的电弧灼伤,或者是人体与带电体接触部分的电烙印,是由于被电流熔化和蒸发的金属微粒等侵入人体皮肤引起的皮肤金属化。伤害会给人体留下伤痕,严重时也可能致人于死地。电伤通常是由电流的热效应、化学效应或机械效应造成的,如图1-4所示。

(3)电磁场伤害:是指在高频磁场的作用下,人会出现头晕、乏力、记忆力减退、失眠多梦等神经系统的不良症状,如图1-5所示。

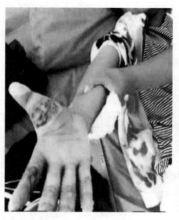

图 1-3　电击伤害　　　　　　图 1-4　电伤伤害　　　　　　图 1-5　电磁场伤害

触电是一个非常复杂的过程，一般而言，电击和电伤往往会同时发生。这在高压触电事故中是常见的，但绝大多数触电死亡事故都是电击造成的。触电还容易因剧烈痉挛而摔倒，导致电流通过全身并造成摔伤、坠落等二次事故。

3. 电流对人体伤害程度的影响因素

不同的人在不同的地方、不同的时间与同一根带电导线接触，后果是千差万别的，这是因为电流对人体的作用受很多因素的影响。

通过人体内部的电流越大，人的生理反应和病理反应越明显，引起心室颤动的时间越短，致命的危险性越大。按照人体呈现的状态，可将通过人体内部的电流分为三类。

（1）感知电流：使人体有感觉的最小电流称为感知电流。工频的平均感知电流，成年男性为 1.1 mA，成年女性为 0.7 mA；直流电均为 5 mA。感知电流对身体没有大的伤害，但由于突然的刺激，人在高空、水边或其他危险环境中，可能造成坠落、溺水等间接事故。

（2）摆脱电流：人体在触电后能自行摆脱带电体的最大电流为摆脱电流。工频平均摆脱电流，成年男性为 16 mA，成年女性为 10.5 mA；直流电均为 50 mA，儿童更小些。当然，这还与触电的形式有重要关系。

（3）致命电流（室颤电流）：人体发生触电后，在较短的时间内危及生命的最小电流称为致命电流（室颤电流）。一般情况下，通过人体的工频电流超过 50 mA 时，心脏就会停止搏动，出现致命的危险。实验证明：电流大于 30 mA 时，心脏就会有发生心室颤动的危险，因此 30 mA 是致命电流的又一极限。漏电保护器和漏电脱扣器动作电流均定为 30 mA，就是此道理。

4. 影响触电后果的主要因素

（1）通过人体的电流量：通过的电流越大，危险性越大。

（2）通电的时间：通电的时间越长，危险性越大。

（3）人体的电阻大小：人体的电阻主要起作用的是皮肤表面角质层电阻，但影响电阻的因素很多。

（4）与电流通过人体的途径有关：电流通过人体神经中枢或心脏，容易致命。危险程度从手到脚、手到手、脚到脚,依次减小。人的体质、精神状态对触电的后果影响也很大。

(5) 通过电流的频率:交流电对人体最危险的频率是10～100 Hz,工频电 50～60 Hz 对人体是最危险的,在此频率区间之外的危险性相对减小。

5. 触电的种类

(1) 单相触电。指当人体直接碰触到带电设备的某一相,电流通过人体流入大地,如图 1-6 所示。

单相触电时电流从相线经过人体—大地—接地极—中心点,形成回路。该回路中有三个电阻:人体电阻(800～1 000 Ω)、人体与地的接触电阻(4 Ω)、接地极电阻 R,由此,通过的人体电流为:

$$I = \frac{220\text{V}}{(800 \sim 1\,000)\Omega + 4\Omega + R} \approx 0.22 \text{ A}$$

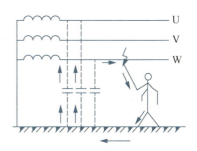

图 1-6 单相触电

这还是很危险的,但是如能增加 R,危险性就能大大减小,这也是防护用品的作用。

(2) 两相触电。指人体同时接触带电设备或线路中的两相导体,电流从一相导体通过人体流入另一相导体构成回路,如图 1-7 所示。

两相触电时,回路中只有人体电阻。两相触电时,如果电压是线电压 380 V,防护用品起不了作用,这是最危险的触电方式。

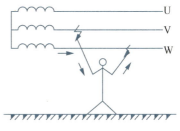

图 1-7 两相触电

(3) 跨步电压触电。当运行中的电气设备在发生接地短路时,接地电流通过接地点以半球面形状向地下扩散,在地表面上形成电位分布。人在接地点附近行走,两脚间(跨步为 0.8 m 左右)就有电位差,这就是跨步电压。因跨步电压引起的触电称为跨步电压触电,如图 1-8 所示。

(4) 接触电压触电。人站在发生接地短路故障的设备旁边,手触及故障设备外壳,手和脚之间存在电位差,这称为接触电压。由接触电压引起的触电称为接触电压触电。由于鞋、地板等的压降存在,人体受到的接触电压,往往小于故障设备的漏电电压。因此,严禁裸臂、赤脚操作电气设备,如图 1-9 所示。

图 1-8 跨步电压触电

6. 触电的环境

从触电危险性角度考虑,工作环境分普通环境、危险环境和高度危险环境。

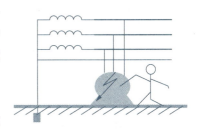

图 1-9 接触电压触电

(1) 普通环境。环境干燥,相对湿度不超过 75%;无导电粉尘,金属占有系数即金属物品占有面积与建筑面积之比不超过 20%;地面由木材、沥青或瓷砖等非导电材料制成的场所,如仪表装配车间、试验室、办公室、住宅等。触电危险性比较小。

(2) 危险环境。空气潮湿,相对湿度大于 75%;空气中有导电尘埃;金属占有系数大于 20%;温度高于 30℃;地面是泥、砖、湿木板、水泥地、金属及其他导电性地面,如金工车间、锻工车间、热处理车间、水泵房、空压站、变配电所等。触电危险性中等。

(3) 高度危险环境。空气特别潮湿;有腐蚀性气体、蒸气或游离物气体,如铸工车间、锅炉房、酸洗房、电镀房、化工厂的大多数车间等。触电危险性大。

7. 触电的季节

雨季和夏季是触电的多发季节。

雨季,天气潮湿,影响电气设备的绝缘性能,容易引起触电事故的发生;夏季,天气炎热,多汗、衣少,容易触电。农村用电量增加,触电事故增多。

8. 触电人群

触电事故多发生于青年工人和新工人,这些人大多是主要操作者,接触电气设备的机会多;另一方面,多数操作者不谨慎,责任心还不强,缺少工作经验和电气安全知识。他们应该是安全教育的重点人群。

9. 触电事故地

农村触电事故多于城市,主要原因是农村用电设备简陋,技术水平相对低,管理不严,缺乏电气安全知识。

(三) 触电原因及事故规律分析

触电的发生原因较多,类型也比较复杂,但仍有一定的规律。

1. 缺乏电气安全知识

这类现象有:电线附近放风筝;带负荷拉高压隔离开关;低压架空线折断后不停电,手误碰火线;光线不明的情况下带电接线,误触带电体;手触摸破损的胶盖刀闸;儿童在水泵、电动机外壳上玩耍,触摸灯头或插座;随意乱动电器等。

2. 违反安全操作规程

这类现象有:带负荷拉高压隔离开关;在高、低压同杆架设的线路电杆上检修低压线或广播线时碰触有电导线;在高压线路下修造房屋接触高压线;剪修高压线附近树木接触高压线等。

带电换电杆架线;带电拉临时照明线;带电修理、搬动用电设备;火线误接在电动工具外壳上;用湿手拧灯泡等。

3. 设备不合格

这类现象有:高压架空线架设高度离房屋等建筑未达到安全距离,高压线和附近树木距离太小;高低压交叉线路,低压线误设在高压线上面。用电设备进出线未包扎好裸露在外;人触及不合格的临时线等。

4. 维修管理不善

这类现象有:大风刮断低压线路和刮倒电杆后,没有及时处理;胶盖刀胶木盖破损长期不修理;瓷瓶破裂后火线与拉线长期相碰;水泵电动机接线破损使外壳长期带电等。

5. 偶然因素

这类现象有:大风刮断电力线路触到人体等。

(四) 预防触电的措施

1. 采用安全电压

我们平时经常会问,这个电源危险吗?是高压,还是低压?其实这种问法不太科学。所谓的高压指的是 1 000 V 以上的电压,低压是 380/220 V 的电压,低电压也并不是安全电压。

交流工频安全电压的上限值为:在任何情况下,两导体间或任意导体与地之间都不得超过 50 V。我国的安全电压的额定值为 42 V、36 V、24 V、12 V、6 V。如手提照明灯、危险环境的携带式电动工具,应采用 36 V 安全电压;金属容器内、隧道内、矿井内等工作场合,狭窄、行动不便及周围有大面积接地导体的环境,应采用 24 V 或 12 V 安全电压。安全电压并非绝对,它与周围接地体电阻、人体肌肤湿度、触电路径、触电时间等有关。

2. 保证有足够的绝缘强度

电气设备运行时的带电部分,应在其外部包扎绝缘物,绝缘物的质量应和设备采用的电压等级、运行环境、运行地点、运行条件相符合。这对预防触电事故的发生起着极重要的作用。

(1) 绝缘的作用。绝缘是用绝缘材料把带电体隔离起来,实现带电体之间、带电体与其他物体之间的电气隔离,使设备能长期安全、正常地工作,同时可以防止人体触及带电部分,避免发生触电事故。绝缘在电气安全中有着十分重要的作用。

(2) 绝缘破坏。绝缘材料经过一段时间的使用会发生绝缘破坏。绝缘材料除因在强电场作用下被击穿而破坏外,自然老化、电化学击穿、机械损伤、潮湿、腐蚀、热老化等也会降低其绝缘性能或导致绝缘破坏。

绝缘体承受的电压超过一定数值时,电流穿过绝缘体而发生放电现象称为电击。

(3) 绝缘安全用具。在一些情况下,手持电动工具的操作者必须戴绝缘手套、穿绝缘鞋(靴),或站在绝缘垫(台)上工作,采用这些绝缘安全用具使人与地面,或使人与工具的金属外壳隔离开来。这是目前简便可行的安全措施。

3. 预防触及带电部分

屏护是指采用遮栏、围栏、护罩、护盖或隔离板等把带电体同外界隔绝开来,以防止人体触及或接近带电体所采取的一种安全技术措施,即采用遮栏、护罩、围栏等把带电体同外界隔绝开来,如图 1-10 所示。

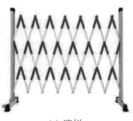   

(a) 遮拦　　　(b) 围栏　　　(c) 护罩

图 1-10　常用的防护装置

使用屏护装置时,应注意以下内容:

(1) 屏护装置应与带电体之间保持足够的安全距离。

(2) 被屏护的带电部分应有明显标志,标明规定的符号或涂上规定的颜色。

(3) 遮拦出入口的门上应根据需要装锁,或采用信号装置、联锁装置。

(4) 电气设备或电气线路,如不能包以绝缘物,如行车的滑触线、汇流排等,则应设置专门的屏护,或放置于人不能触及的高处。

4. 正确使用绝缘材料和绝缘安全用具

绝缘材料是为了防止人体触及带电体而把带电体封闭起来。瓷、玻璃、云母、橡胶、木材、胶木塑料、布、纸和矿物油等都是常用的绝缘材料。

应当注意:很多绝缘材料受潮后或在强电场作用下遭到破坏,从而丧失绝缘性能。

绝缘安全用具包括绝缘杆、绝缘夹钳、绝缘靴、绝缘手套、绝缘垫和绝缘站台,如图 1-11 所示。绝缘安全用具分为基本安全用具和辅助安全用具,前者的绝缘强度能长时间承受电气设备的工作电压,能直接用来操作带电设备;后者的绝缘强度不足以承受电气设备的工作电压,只能加强基本安全用具的保安作用。

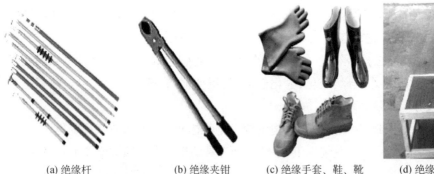

(a) 绝缘杆　　　(b) 绝缘夹钳　　　(c) 绝缘手套、鞋、靴　　　(d) 绝缘垫和绝缘站台

图 1-11　绝缘安全用具

(1) 绝缘杆和绝缘夹钳。绝缘杆和绝缘夹钳都是绝缘基本安全用具。绝缘夹钳只用于 35 kV 以下的电气操作。绝缘杆和绝缘夹钳都由工作部分、绝缘部分和握手部分组成。握手部分和绝缘部分用浸过绝缘漆的木材、硬塑料、胶木或玻璃钢制成,中间有护环分开。配备不同工作部分的绝缘杆,可分别用来操作高压隔离开关,操作跌落式熔断器,安装和拆除

临时接地线,安装和拆除避雷器,以及进行测量和试验等项工作。绝缘夹钳主要用来拆除和安装熔断器及其他类似工作。考虑到电力系统内部过电压的可能性,绝缘杆和绝缘夹钳的绝缘部分和握手部分的最小长度应符合要求。绝缘杆工作部分金属钩的长度,在满足工作的情况下,不宜超过 5~8 cm,以免操作时造成相间短路或接地短路。

(2) 绝缘手套和绝缘靴。绝缘手套和绝缘靴用橡胶制成,二者都作为辅助安全用具。绝缘手套可作为低压工作的基本安全用具,绝缘靴可作为防护跨步电压的基本安全用具。绝缘手套的长度至少应超过手腕 10 cm。

(3) 绝缘垫和绝缘站台。绝缘垫和绝缘站台只作为辅助安全用具。绝缘垫用厚度 5 mm 以上、表面有防滑条纹的橡胶制成,最小尺寸不宜小于 0.8 m×0.8 m。绝缘站台用木板或木条制成。相邻板条之间的距离不得大于 2.5 cm,以免鞋跟陷入;站台不得有金属零件;台面板用支持绝缘子与地面绝缘,支持绝缘子高度不得小于 10 cm;台面板边缘不得伸到绝缘子之外,以免站台翻倾,人员摔倒。绝缘站台最小尺寸不宜小于 0.8 m×0.8 m,但为了便于移动和检查,最大尺寸也不宜超过 1.5 m×1.0 m。

带电工作时,要采用绝缘安全工具,穿戴好必要的防护用品,如绝缘棒、绝缘钳、验电器、绝缘手套、绝缘靴、绝缘垫等。

5. 采用低压触电保护装置(漏电开关)

低压触电保护装置分为电压保护和电流保护两大类,如图 1-12 所示。

(a) 三相断路保护器

(b) 单相断路保护器

图 1-12 漏电保护器

基本原理:在正常用电的情况下,三相或单相电流之和为零,次级无电流输出,开关不发生动作。一旦发生触电,流过人体的电流,破坏了零序电流的平衡,漏电电流产生磁通,次级有电流输出,使继电器发生动作,切断电源,达到触电保护。

(1) 漏电保护器:是一种在规定条件下电路中漏电流值达到或超过其规定值时自动断开电路或发出报警的装置。漏电是指电器绝缘损坏或其他原因造成导电部分碰外壳时,如果电器的金属外壳是接地的,那么电就由电器的金属外壳经大地构成通路,形成电流,即漏电电流,也称为接地电流。当漏电电流超过允许值时,漏电保护器能够自动切断电源或报警,以保证人身安全。

(2) 必须安装漏电保护器的设备和场所：

① 属于Ⅰ类的移动式电气设备及手持式电气工具；

② 安装在潮湿、强腐蚀性等恶劣环境场所的电器设备；

③ 建筑施工工地的电气施工机械设备，如打桩机、搅拌机等；

④ 临时用电的电器设备；

⑤ 宾馆、饭店及招待所客房内，以及机关、学校、企业、住宅等建筑物内的插座回路；

⑥ 游泳池、喷水池、浴池的水中照明设备；

⑦ 安装在水中的供电线路和设备；

⑧ 医院中直接接触人体的电气医用设备；

⑨ 其他需要安装漏电保护器的场所。

6. 安全间距

为了防止人体触及或接近带电体，避免发生各种短路、火灾和爆炸事故，在人体与带电体之间、带电体与地面之间、带电体与带电体之间、带电体与其他物体和设施之间，都必须保持一定的距离，这种距离称为电气安全距离。电气安全距离的大小，应符合有关电气安全规程的规定。间距除了防止触及或过分接近带电体外，还能起到防止火灾、防止混线、方便操作的作用。常用安全检修间距见表1-1所示。

表1-1 安全检修间距

安全距离/m	电压等级/kV
0.35	10及以下
0.60	20～35
0.90	44
1.50	60～110
2.00	154
3.00	220
4.00	330

根据各种电气设备（设施）的性能、结构和工作的需要，安全间距大致可分为以下四种：

① 各种线路的安全间距；

② 变、配电设备的安全间距；

③ 各种用电设备的安全间距；

④ 检修、维护时的安全间距。

7. 采用保护接地和保护接零

(1) 接地的基本概念。接地是将电气设备或装置的某一点（接地端）与大地之间做符合技术要求的电气连接，目的是利用大地为正常运行、绝缘损坏或遭受雷击等情况下的电气设备等提供对地电流流通回路，保证电气设备和人身的安全。

（2）接地装置。接地装置由接地体和接地线两部分组成，接地体是埋入大地中并和大地直接接触的导体组，分为自然接地体和人工接地体。自然接地体是利用与大地有可靠连接的金属构件、金属管道、钢筋混凝土建筑物的基础等作为接地体。人工接地体是用如型钢、角钢、钢管、扁钢、圆钢制成的，如图1-13所示。人工接地体一般有水平敷设和垂直敷设两种。电气设备或装置的接地端与接地体相连的金属导线称为接地线。

(a) 型钢　　　(b) 角钢　　　(c) 圆钢　　　(d) 扁钢

图 1-13　接地体

（3）中性点与中性线。星形连接的三相电路中，三相电源或负载连在一起的点称为电路的中性点。由中性点引出的线称为中性线，用 N 表示。

（4）零点与零线。当三相电路中性点接地时，该中性点称为零点。由零点引出的线称为零线。

（5）电气设备接地的种类。

① 工作接地。为了保证电气设备的正常工作，将电路中的某一点通过接地装置与大地可靠连接，称为工作接地。如变压器低压侧的中性点、电压互感器和电流互感器的二次侧某一点接地等，其作用是为了降低人体的接触电阻，如图1-14所示。

供电系统中电源变压器中性点的接地称为中性点直接接地系统；中性点不接地的称为中性点不接地系统。中性点接地系统中，一相短路，其他两相的对地电压为相电压。中性点不接地系统中，一相短路，其他两相的对地电压接近线电压。

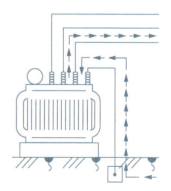

图 1-14　变压器中性点接地

② 保护接地。保护接地是将电气设备正常情况下不带电的金属外壳通过接地装置与大地可靠连接。当电气设备不接地时，若绝缘损坏，一相电源碰壳，电流经人体电阻 R_r、大地和线路对地绝缘电阻 R_i 构成的回路，若线路绝缘电阻损坏，电阻 R_i 变小，流过人体的电流增大，便会触电；当电气设备接地时，虽有一相电源碰壳，但由于人体电阻 R_r 远大于接地电阻 R_d（一般为几欧），所以通过人体的电流 I_r 极小，流过接地装置的电流 I_d' 则很大，从而保证了人身安全。保护接地适用于中性点不接地或不直接接地的电网系统。保护接地如图1-15所示。

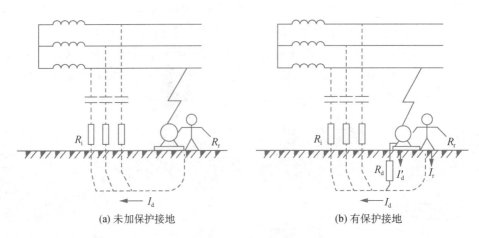

图 1-15 保护接地原理

③ 保护接零。在中性点直接接地系统中,把电气设备金属外壳与电网中的零线作可靠的电气连接,称为保护接零。保护接零可以起到保护人身和设备安全的作用。当一相绝缘损坏碰壳时,由于外壳与零线连通,形成该相对零线的单相短路,短路电流使线路上的保护装置(如熔断器、低压断路器等)迅速动作,切断电源,消除触电危险。对未接零设备,对地短路电流不一定能使线路保护装置迅速可靠动作。保护接零如图 1-16 所示。

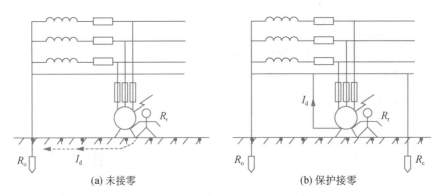

图 1-16 保护接零原理

图 1-17 重复接地

国标规定:L 为相线;N 为中性线;PE 为保护接地线;PEN 为保护中性线,兼有保护线和中性线的作用。

④ 重复接地。三相四线制的零线在多于一处经接地装置与大地再次连接的情况称为重复接地,如图 1-17 所示。在 1 kV 以下的接零系统中,重复接地的接地电阻不应大于 10 Ω。重复接地的作用是,降低三相不平衡电路中零线上可能出现的危险电压,减轻单相接地或高压串入低压的危险。

⑤ 其他保护接地。过电压保护接地:为了消除雷击或过电压的危险影响而设置的接地。防静电接地:为了消除生产过程中产生的静电而设置的接地。屏蔽接地:为了防止电磁感应而对电力设备的金属外壳、屏蔽罩、屏蔽线的外皮或建筑物金属屏蔽体等进行的接地。

四、实训用电注意事项

(1) 不得随便乱动或私自修理车间或实验室内的电气设备。

(2) 经常接触和使用的配电箱、配电板、闸刀开关、按钮开关、插座、插销以及导线等,必须保持完好,不得有破损或将带电部分裸露。

(3) 不得用铜丝等代替保险丝,并保持闸刀开关、磁力开关等盖面完整,以防短路时发生电弧或保险丝熔断飞溅伤人。

(4) 经常检查电气设备的保护接地、接零装置,保证连接牢固。

(5) 在移动电风扇、照明灯、电焊机等电气设备时,必须先切断电源,并保护好导线,以免磨损或拉断。

(6) 在使用手电钻、电砂轮等手持电动工具时,必须安装漏电保护器,工具外壳要进行防护性接地或接零;并要防止移动工具时,导线被拉断;操作时应戴好绝缘手套并站在绝缘垫上。

(7) 在雷雨天,不要走进高压电杆、铁塔、避雷针的接地导线周围 20 m 内。当遇到高压线断落时,周围 10 m 之内,禁止人员进入;若已经在 10 m 范围之内,应单足或并足跳出危险区。

(8) 对设备进行维修时,一定要切断电源,并在明显处放置"禁止合闸,有人工作"的警示牌。

项目二 触电急救

一、实训目的

(1) 学会操作脱离电源的方法及操作步骤。
(2) 学会判断触电者的意识、呼吸、心跳,并能进行急救。
(3) 学会操作心肺复苏人工急救的方法。

二、实训器材

实训器材包括:心肺复苏模拟人。

三、实训内容及步骤

(一) 脱离电源的方法

脱离电源的方法如图 1-18 所示。
(1) 拉:拉开关,拉开关头部偏向一边,防止电弧灼伤脸部或眼睛。
(2) 切:切断电源线,用绝缘的物体切断电源线。
(3) 挑:挑开导线。
(4) 拽:拽触电者,最好用一只手抢救。
(5) 垫:救护者站在木板或绝缘垫上对触电者进行施救。

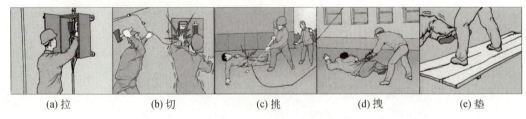

(a) 拉　　　(b) 切　　　(c) 挑　　　(d) 拽　　　(e) 垫

图 1-18　脱离电源的方法

(二) 心肺复苏人工急救

(1) 心肺复苏术(cardiopulmonary resuscitation,CPR)指对呼吸心跳停止的急危重症

患者所采取的关键抢救措施,包括采用胸外按压形成暂时的人工循环,同时用人工呼吸代替自主呼吸,快速电除颤转复心室颤动,以及尽早使用血管活性药物来重新恢复自主循环。

触电者脱离电源以后,现场救护人员应迅速对触电者的伤情进行判断,对症抢救。同时设法联系医疗急救中心(医疗部门)的医生到现场接替救治。要根据触电伤员的不同情况,采用不同的急救方法。表 1-2 是对意识、心跳、呼吸状况及对症治疗措施一览表。

表 1-2 意识、心跳、呼吸及对症治疗措施一览表

意识	心跳	呼吸	对症治疗措施
清醒	存在	存在	静卧、保暖、严密观察
昏迷	停止	存在	胸外心脏按压法
昏迷	存在	停止	口对口(鼻)人工呼吸法
昏迷	停止	停止	同时做心脏按压和口对口(鼻)人工呼吸法

研究表明:心跳呼吸骤停后进行心肺复苏,1 min 内,CPR 抢救,90% 的人被救活;4 min 内,CPR 抢救,存活率为 60%;6 min 后,CPR 抢救,存活率仅为 40%;10 min 以上,CPR 抢救,几乎没有成功的希望。

4 min 之内不给病人输氧,病人大脑就开始坏死,即使保住生命,成为植物人的概率也大于 50%。所以,CPR 的施救过程讲究宝贵的黄金 4 分钟。

除了 CPR 急救,还有一种急救方式是电除颤,简称 AED。读者可以自行了解,本文不做阐述。

(三) 心肺复苏人工急救步骤

1. 判断

具体操作如下:

(1) 判断意识:如图 1-19 所示。

 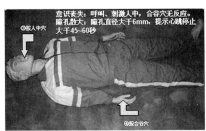

(a) 拍打双肩,呼唤伤者清醒　　(b) 掐人中、按合谷穴、检查瞳孔是否散大

图 1-19 意识判断

(2) 判断呼吸:将耳朵贴近触电者的口和鼻,头部偏向触电人胸部。通过看、听、感可以判定呼吸。看:胸部有无起伏;听:有无呼气声;感:有无气体排出,如图 1-20 所示。

（3）判断心跳：触摸颈动脉一侧（左或右喉结旁凹陷处），如图1-21所示。不能用力过大，防止推移颈动脉；不能同时触摸两侧颈动脉，防止头部供血中断；不要压迫气管，造成呼吸道阻塞；检查时间不要超过10 s，但是要大于5 s；避免触摸位置错误或触摸感觉错误。

看、听、感

图1-20 呼吸判断

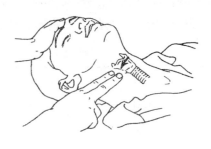

图1-21 颈动脉判断

2. 体位

放好体位：使患者仰卧在坚固的平地（硬板）上，将双上肢放置身体两侧，如图1-22所示。

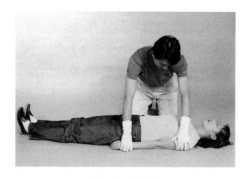

图1-22 摆体位

（四）心肺复苏人工急救方法

1. 畅通气道

解开紧身上衣，如图1-23(a)所示；松开腰带，如图1-23(b)所示；使触电者头部偏向一边，用手或其他工具清除口腔异物及假牙，如图1-23(c)所示。为防止触电者因舌肌缺乏张力而

(a) 解开紧身上衣

(b) 松开腰带

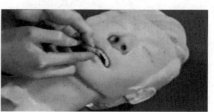

(c) 清除假牙或口腔异物

(d) 压头抬颏　　　　　　　　　　　(e) 托颏法

图 1-23　心肺复苏人工急救方法

松弛,舌根向后下坠,堵塞气道,立即开放气道是心肺复苏成功的基础。常用的方法有:压头抬颏法,如图 1-23(d)所示,使头尽量后仰;托颏法,如图 1-23(e)所示,使头尽量后仰。

2. 口对口(鼻)人工呼吸

具体操作方法是:保持呼吸道畅通,捏紧两侧鼻翼,堵住鼻孔,嘴巴尽量张大,包住触电者的嘴,吹气时不能漏气,每次吹气之间要松开鼻翼,离开嘴唇,让体内气流排出,胸部吹抬起为适度有效,每次吹气时间 1~1.5 s,如图 1-24 所示。

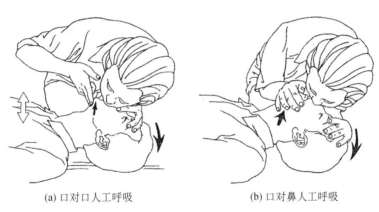

(a) 口对口人工呼吸　　　　　　　(b) 口对鼻人工呼吸

图 1-24　人工呼吸

3. 人工胸外按压

(1) 按压位置:将右手食指和中指并拢,沿触电者的右侧肋弓下缘上滑到肋弓和胸骨切肌处,两手指并拢,把中指放在切肌处(剑突底部),将左手手掌根紧贴右手食指。按压位置和剑突位置如图 1-25 所示。

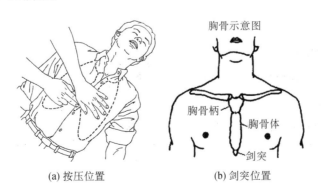

(a) 按压位置　　　　　　　　　　(b) 剑突位置

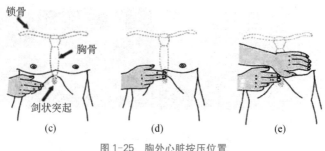

图 1-25 胸外心脏按压位置

（2）按压姿势：两臂垂直，肘关节不屈，两手相叠，手指向前翘起不触及胸壁，应用上身重力垂直下压，如图 1-26 所示。

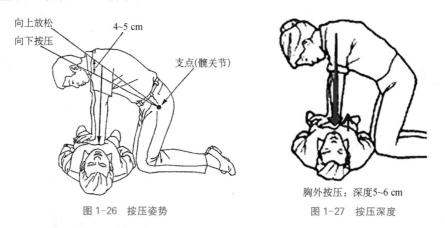

图 1-26 按压姿势　　　　图 1-27 按压深度

（3）按压频率：每分钟 100 次左右。

（4）按压深度：5～6 cm，如图 1-27 所示。

（5）按压次数：按压 30 次，吹 2 口气，进行 5 个循环。

（6）抢救过程中的再判定：用看、听、感和摸脉搏及观察瞳孔的方法完成对伤员呼吸和心跳是否恢复的再判定。瞳孔缩小脉搏呼吸恢复、面部红润、急救成功。

四、实训注意事项

（1）胸外按压操作时，按压力度不能过大、过小。

（2）节律平稳且不间断。

（3）按压不能用冲击式猛压。

（4）手掌根部长轴与胸骨长轴确保一致，保证手掌全力压在胸骨上，可避免发生肋骨骨折，不要按压剑突。

（5）按压位置不正确，可能导致肋骨、胸骨骨折，刺破肺部及胸部血管，引起血气胸，肝、脾破裂及内脏大出血。

项目三　灭火器的使用

一、实训目的

(1) 学会灭火器的使用方法。
(2) 能在不同火源下选择适当灭火器,并学会使用。
(3) 学会检查灭火器标志及使用年限。

二、实训器材

实训器材包括:干粉灭火器、二氧化碳灭火器、泡沫灭火器。

三、实训内容及步骤

(一) 灭火器的使用

灭火器的使用,如图 1-28 所示,具体操作如下:①右手握着压把,左手托着灭火器底部,轻轻取下灭火器;②右手提着灭火器到现场;③拆除铅封;④拔掉保险销;⑤左手握着喷管,右手提着压把;⑥在距火焰 3~5 m 的地方,右手用力压下压把,左手拿着喷管左右摆动,喷射干粉覆盖整个燃烧区。

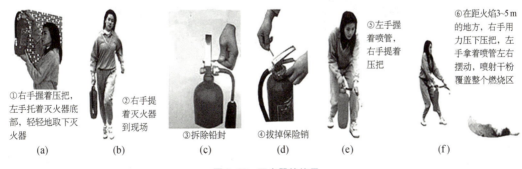

图 1-28　灭火器的使用

火灾类型有安全生产过程中常见的普通火灾、电气火灾、油罐火灾等;灭火器类型有安全生产现场常备的二氧化碳灭火器、泡沫灭火器、干粉灭火器等。

(1) 火情判断。正确判断风向,并选择合适的灭火器。

(2)准备工作。检查灭火器压力、铅封、出厂合格证、有效期、瓶体、喷管等,并迅速赶赴火场。主要考查灭火人员是否有灭火前的安全检查意识。

(3)灭火操作。站在火源上风口;离火源3~5 m距离迅速拉下安全环;手握喷嘴对准着火点,压下手柄,侧身对准火源根部由近及远扫射灭火;在灭火材料喷完前迅速撤离火场,火未熄灭需更换操作等。

(4)检查确认。检查灭火效果;确认火源熄灭;将使用过的灭火器放到指定位置;注明已使用;报告灭火情况。

(二)灭火器的选择

(1)油罐起火:选择泡沫、干粉或二氧化碳灭火器,如图1-29所示。

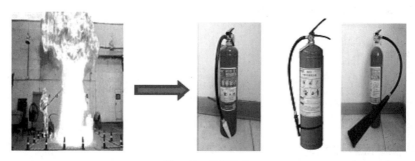

图1-29 油罐起火

(2)木材起火:选择泡沫、干粉灭火器,如图1-30所示。

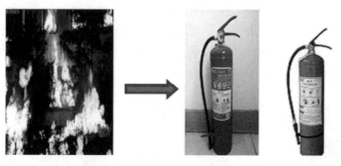

图1-30 木材起火

(3)电器起火:选择干粉、二氧化碳灭火器,如图1-31所示。

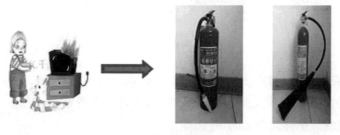

图1-31 电器起火

（4）贵重物品（或实验室）起火：选择二氧化碳灭火器，如图 1-32 所示。

图 1-32　贵重物品（或实验室）起火

四、实训注意事项

（1）对火情和燃烧的对象，能正确判断风向和选择合适的灭火器。

（2）使用灭火器前应检查灭火器压力、铅封、出厂合格证、有效期、瓶体、喷管，并能迅速赶赴火场进行救火。

（3）灭火时，站在火源上风口；离火源 3～5 m 距离并能迅速拉下安全环。

（4）手握喷嘴对准着火点，压下手柄，侧身对准火源根部由近及远扫射灭火；在灭火材料喷完前 3 s 迅速撤离火场，火未熄灭须更换新的灭火器进行操作等。

（5）灭火后检查灭火效果；确认火源熄灭。

（6）将使用过的灭火器放到指定位置存放，注明已使用。

习题一

一、单选题

1. 我国电网交流电的频率是＿＿＿＿Hz。
   A. 60　　　　　　B. 50　　　　　　C. 80　　　　　　D. 100

2. 正弦交流电的三要素是＿＿＿＿。
   A. 最大值、频率、初相角　　　　　B. 平均值、频率、初相角
   C. 频率、周期、最大值　　　　　　D. 最大值、有效值、角频率

3. 保护接零适用于＿＿＿＿系统。
   A. IT　　　　　　B. TT　　　　　　C. TN　　　　　　D. IT～TT

4. 保护接地的主要作用是＿＿＿＿和减少流经人身的电流。
   A. 防止人身触电　　　　　　　　　B. 减少接地电流
   C. 降低接地电压　　　　　　　　　D. 短路保护

5. 室外安装的变压器的周围应装设高度不低于＿＿＿＿m 的栅栏。
   A. 1　　　　　　B. 1.2　　　　　C. 1.5　　　　　D. 1.7

6. 如果线路上有人工作，停电作业时应在线路开关和刀闸操作手柄上悬挂＿＿＿＿的标志牌。
   A. 止步、高压危险　　　　　　　　B. 禁止合闸，有人工作
   C. 在此工作　　　　　　　　　　　D. 禁止合闸，线路有人工作

7. 下列＿＿＿＿灭火器适于扑灭电气火灾。
   A. 二氧化碳灭火器　　　　　　　　B. 干粉灭火器
   C. 泡沫灭火器　　　　　　　　　　D. 无法确定

8. 变压器中性点接地属于＿＿＿＿。
   A. 工作接地　　　　　　　　　　　B. 保护接地
   C. 防雷接地　　　　　　　　　　　D. 安全接地

9. 触电急救必须分秒必争，若有心跳呼吸停止的患者应立即用＿＿＿＿进行急救。
   A. 人工呼吸法　　　　　　　　　　B. 心肺复苏法
   C. 胸外按压法　　　　　　　　　　D. 医疗器械

10. 口对口人工呼吸时，先连续大口吹气两次，每次＿＿＿＿。
    A. 1～2 s　　　　B. 2～3 s　　　　C. 1.5～2.5 s　　D. 1～1.5 s

11. 胸外按压要以均匀速度进行，每分钟＿＿＿＿次左右。
    A. 50 次　　　　B. 60 次　　　　C. 80 次　　　　D. 100 次

12. 胸外按压与口对口（鼻）人工呼吸同时进行，其节奏为：单人抢救时，每按压＿＿＿＿次后吹气 2 次，反复进行。
    A. 5　　　　　　B. 10　　　　　　C. 30　　　　　　D. 20

13. 电流通过人体最危险的途径是_____。

   A. 左手到右手　　　　　　　　　　B. 左手到脚

   C. 右手到脚　　　　　　　　　　　D. 左脚到右脚

14. 电气设备外壳接地属于_____。

   A. 工作接地　　B. 防雷接地　　C. 保护接地　　D. 重复接地

15. 灯泡上标有"220 V,40 W"的字样,其意义是_____。

   A. 接在220 V以下的电源上,其功率是40 W

   B. 接在220 V电源上,其功率是40 W

   C. 接在220 V以上的电源上,其功率是40 W

   D. 接在40 V电源上,其功率是220 W

二、简答题

1. 什么是电伤? 什么是电击?
2. 什么是单相触电? 什么是两相触电? 什么是跨步电压触电?
3. 简述低压触电脱离电源的方法。
4. 简述心肺复苏法支持生命的三项基本措施。
5. 如何确定胸外按压位置?
6. 简述胸外按压与口对口(鼻)人工呼吸同时进行时的节奏。
7. 简述二氧化碳灭火器的使用方法、注意事项及适用范围。
8. 简述干粉灭火器的使用方法、注意事项及适用范围。

习题一　参考答案

一、单选题

1. B　2. A　3. C　4. C　5. C　6. D　7. A　8. A　9. A　10. D　11. D　12. C　13. B　14. C　15. B

二、简答题

1. 什么是电伤? 什么是电击?

答　电伤是指由于电流的热效应、化学效应和机械效应对人体的外表造成的局部伤害,如电灼伤、电烙印、皮肤金属化等。电击是指电流流过人体内部造成人体内部器官的伤害。当电流流过人体时造成人体内部器官,如呼吸系统、血液循环系统、中枢神经系统等发生变化,机能紊乱,严重时会导致休克乃至死亡。

2. 什么是单相触电? 什么是两相触电? 什么是跨步电压触电?

答　单相触电是指人体在地面上或其他接地导线上,人体某一部位触及一相带电体的事故。两相触电是指人体同时触及两相带电体的触电事故。这种情况下，人体在电源线电压的作用下，危险性比单相触电大。当带电体接地有电流流入地下时，电流在接地点周围土壤中产生电压降，人在接地点周围，两脚之间出现的电压即跨步电压，由此引起的触电事故叫跨步电压触电。

3. 简述低压触电脱离电源的方法。

答 （1）拉：就近拉开电源开关，拔出插头或瓷插熔断器。

（2）切：当电源开关、插座或瓷插熔断器距离触电现场较远时，可用带有绝缘柄的利器切断电源线。

（3）挑：如果导线搭在触电者身上或压在身下，这时可用干燥的木棒、竹竿等绝缘杆挑开导线。

（4）拽：救护人员可戴上绝缘手套或手上包缠干燥的衣服等绝缘物品拖拽触电者。

（5）垫：救护人员可站在干燥的木板或绝缘垫上拖拽触电者。

4. 简述心肺复苏法支持生命的三项基本措施。

答 （1）通畅气道。

（2）口对口(鼻)人工呼吸。

（3）胸外按压(人工循环)。

5. 如何确定胸外按压位置？

答 右手的食指和中指沿触电者的右侧肋弓下缘向上，找到肋骨和胸骨接合处的中点；两手指并齐，中指放在切迹中点(剑突底部)，食指平放在胸骨下部；另一只手的掌根紧挨食指上缘，置于胸骨上，即为正确按压位置。

6. 简述胸外按压与口对口(鼻)人工呼吸同时进行时的节奏。

答 抢救时，每按压30次后吹气2次(30∶2)，反复进行。

7. 简述二氧化碳灭火器的使用方法、注意事项及适用范围。

答 （1）使用方法：除掉铅封，拔出保险销，再压合压把，将喷嘴对准火焰根部喷射。

（2）注意事项：使用时要尽量防止皮肤因直接接触喷筒和喷射胶管而造成冻伤。扑救电器火灾时，如果电压超过600 V，切记要先切断电源后再灭火。

（3）应用范围：不导电，能扑救电气、精密仪器、油类和酸类火灾，不能扑救钾、钠、镁、铝物质火灾。

8. 简述干粉灭火器的使用方法、注意事项及适用范围。

答 （1）使用方法：与二氧化碳灭火器基本相同。

（2）注意事项：使用之前要颠倒几次，使筒内干粉松动。使用 ABC 干粉灭火器扑救固体火灾时，应将喷嘴对准燃烧最猛烈处左右喷射，尽量使干粉均匀地喷洒在燃烧物表面，直至把火全部扑灭。因干粉冷却作用甚微，灭火后一定要防止复燃。

（3）应用范围：不导电，可扑救电气设备火灾，但不能扑救旋转电机火灾。可扑救石油、石油产品、油漆、有机溶剂、天然气和天然气设备火灾。

模块二

常用电工仪器仪表使用

项目一　万用表使用

一、实训目的

（1）学会使用指针式万用表和数字式万用表。
（2）会选择不同万用表测量不同型号的交流接触器，并能判断好坏。
（3）能使用万用表测量电压、电流、电容、电阻等物理量。

二、实训器材

实训器材包括：指针式万用表（MF-47 型、MF-500 型）、数字式万用表（VC9205）、交流接触器、配电箱、单相（三相）交流电源、干电池。

三、实训内容及步骤

（一）指针式万用表

万用表是一种多功能、多量程便于携带的仪表。一般可以用来测量直流电流、直流电压、交流电压、电阻、电感、电容等物理量。

（二）万用表的使用

1. 机械调零

万用表在测量前，应注意水平放置，表头指针是否处于交直流挡标尺的零刻度线上，否则读数会有较大的误差。若不在零位，应通过机械调零的方法（即使用小螺丝刀调整表头下方机械调零旋钮）使指针回到零位，如图 2-1 所示。

2. 欧姆调零

将红、黑两笔短接，看指针是否指在零刻度位置，如果没有，调节欧姆调零旋钮，使其指在零刻度位置，如图 2-2 所示。

注意：如果重新换挡以后，在正式测量之前也必须调零一次。

3. 量程的选择

第一步：试测。

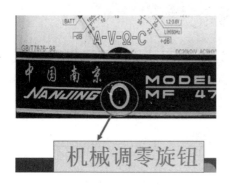
图 2-1 机械调零旋钮

图 2-2 欧姆调零旋钮

先粗略估计所测电阻阻值,再选择合适量程,如果被测电阻不能估计其值,一般情况将开关拨在 R×100 或 R×1K 的位置进行初测;然后,看指针是否停在欧姆中心值(中线)附近,如果是,说明挡位合适。如果指针太靠零,则要减小挡位,如果指针太靠近无穷大,则要增大挡位,如图 2-3(a)所示。

第二步:选择正确挡位。

测量时,指针停在中间或附近最好,如图 2-3(b)所示。

(a) 量程太大

(b) 量程合适

图 2-3 量程选择

4. 交流接触器线圈电阻的检测

使用口诀:测电阻,先调零,断开电源再测量,手不宜接触电阻,再防并接变精度,读数勿乘倍数,完成表 2-1。

表 2-1 交流接触器线圈电阻的检测

万用表信息	型号			
交流接触器信息	型号	CJT1-10	CJ20-25	CJX-10
交流接触器线圈电阻值	电阻挡位	R×	R×	R×
	阻值/Ω			
	结果判断			

(三) 交流电压的测量

根据被测电压的大小,选择合适的量程。若不知被测电压大小,应选择高量程,根据指针所在位置来选择合适的量程。使用口诀:量程开关选交流,挡位大小符要求,表笔并接路两端,极性不分正与负,测出电压有效值,测量高压要换孔,勿忘换挡先断电。完成表2-2。

表2-2 交流电压的测量

万用表信息	型号				
交流电压	类型	单相电	三相电		
			AB 相	BC 相	AC 相
单相、三相电源	电压挡位	250 V	500 V		
	电压值				
	结果判断				

(四) 直流电压的测量

测量直流电压时,注意电压的极性,红表笔接电源的正极,黑表笔接电源的负极。使用口诀:挡位量程先选好,表笔并接路两端,红笔要接高电位,黑笔接在低位端,换挡之前请断电。完成表2-3。

表2-3 直流电压的测量

万用表信息	型号			
直流电压	种类	直流 24 V 电源	直流 12 V 电源	干电池(9 V、1.5 V)
	电压挡位			
	电压值			
	结果判断			

图 2-4 VC9205 数字式万用表

(五) 数字式万用表的使用

数字式万用表 VC9205 如图 2-4 所示。

1. 电阻挡使用

例如,挡位在 200 挡,测量电阻显示为 6.8,则被测电阻的阻值为 6.8 Ω;挡位在 2K 挡,测量电阻显示为 1.8,则被测电阻的阻值为 1.8 kΩ;在 20K 挡,测量电阻显示为 6.8,则被测电阻的阻值为 6.8 kΩ;在 2M 挡,测量电阻显示为 1.8,则被测电阻的阻值为 1.8 MΩ。

2. 蜂鸣挡使用

蜂鸣挡和二极管测量在一个挡位上。当测量导线的通断时,蜂鸣挡比较好用,直接听声音即可;测量时有声音表示导线导通,测量时无声音表示导线短路;测量有电阻值的器件时,应该使用电阻挡,这一点在使用时要注意。

3. 电压挡的使用

不论直流电压还是交流电压,选择合适的挡位后,测试点并联在被测支路两端,万用表上显示的数值即为被测电压。

4. 电流的测量

根据电路中电流是直流电流还是交流电流,选择好量程后,将红表笔拔出,插到 mA 或 10 A 插孔,串联到电路中可以测出电流的大小。

四、实训安全注意事项

(1) 万用表不能测量带电体。
(2) 使用完毕应将转换开关转到交流电压最高挡或 OFF 挡。
(3) 被测电压不知大小,应选择高量程。测量过程中不能更换挡位。

项目二 兆欧表的使用

一、实训目的

(1) 学会检测兆欧表的好坏,并会选择相应等级的兆欧表。
(2) 学会使用兆欧表检测三相异步电动机绝缘电阻值。

二、实训器材

实训器材包括:兆欧表(500 V、1 000 V、2 500 V)、三相异步电动机(YS6324)。

三、实训内容及步骤

兆欧表是一种专门用来测量电气设备绝缘电阻的便携式仪表,常用兆欧表的额定电压有 500 V、1 000 V 和 2 500 V。兆欧表主要包括 3 个部分:手摇直流发电机、接线桩(L 线路、E 接地)、G 屏蔽,如图 2-5 所示。

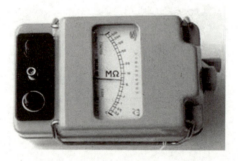

图 2-5 兆欧表

(一) 测量前的检查

(1) 检查兆欧表,外观应完好无破损,表盘刻度清晰、表针无弯曲。
(2) 检查被测电气设备和电路,看是否已切断电源。
(3) 测量前、后应对设备和线路进行放电 3 min,减少测量误差。

（二）使用方法

检测设备必须停电。

（1）兆欧表的选用：测额定电压为 500 V 及以下线路或设备，采用 500 V 或 1 000 V 的兆欧表；测额定电压为 500 V 以上线路或设备，采用 1 000 V 或 2 500 V 的兆欧表；测额定电压为 10 kV 及 10 kV 以上的线路或设备，采用 2 500 V 的兆欧表。

（2）兆欧表使用前校验：开路、短路实验。兆欧表端子 L、E 开路，转动摇把指针指在∞位置，端子 L、E 短路，慢摇摇把指针指在 0 位置。

（3）将兆欧表水平放置在平稳牢固的地方，连接导线不得采用双股连接导线，以免引起测量误差。要正确连接线路。

（4）摇动手柄，转速控制在 120 r/min 左右，允许有±20％的变化，但不得超过 25％。摇动 1 min 后，待指针稳定下来再读数。兆欧表未停止转动前，切勿用手触及设备的测量部分或摇表接线桩。禁止在雷电时或附近有高压导体的设备上测量绝缘。

（5）在测量过程中，如果指针指在 0 位置，说明设备绝缘损坏，应立即停止摇动手柄，以防烧坏兆欧表。

（6）对有较大电容的线路，测量完了要放电 3 min；对大容量设备或电缆线路，放电时间要适当延长。

（7）测量最好在设备刚停止运转时，以便使测量结果符合运转时实际温度。

（8）测完后，先断开 L 线路端，然后慢慢停止摇动手柄，最后放电。

（三）测试数据

完成三相异步电动机的检测数据，如表 2-4 所示。

表 2-4　测试数据

电动机信息	型号		额定电压		连接方式	
兆欧表信息	型号		额定电压			
相对(壳)地绝缘电阻值	A 相					
	B 相					
	C 相					
故障判断						

四、实训注意事项

（1）使用兆欧表时，先检查仪表外观应完好无破损，表盘应刻度清晰、表针无弯曲，表线完好无破损。

(2) 开路试验或短路试验方法要正确。

(3) 所测量设备或线路应在断电的情况下进行,若所测设备断电后仍然有电,需等待设备放电完毕后,再测量。

(4) 测量完毕后,先取下 L 端线,然后再停止摇动手柄,最后放电。

项目三　接地电阻测试仪的使用

一、实训目的

(1) 学会使用接地电阻测试仪。
(2) 能熟练操作接地电阻测试仪测量接地体的接地电阻值,并能判断是否正常。
(3) 熟练使用接地电阻测试仪测量土壤的电阻率。

二、实训器材

实训器材包括:接地电阻测试仪(ZC29B-2 型)、接地体、20 m 导线、40 m 导线、5 m 导线、铁钎子。

三、实训内容及步骤

接地电阻测试仪主要用于测量电气系统接地、避雷系统接地装置的接地电阻和土壤电阻率,如图 2-6 所示。

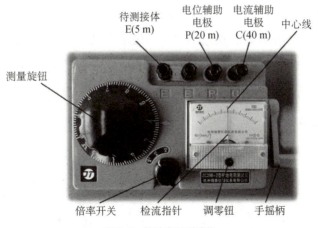

图 2-6　接地电阻测试仪

(一) 接地电阻测试仪的调零

(1) 将接地电阻测试仪水平放置后,检查指针是否指向中心线,否则用调零钮调整,使指针指向中心线。

(2) 然后将表头短接(是指将 E、P、C 用导线短接起来),摇动摇把检查指针是否指向零刻度线,否则调零。

(二) 接地电阻测试仪的使用

(1) 接地电阻测量连接:如图 2-7 所示,接地线(E)5 m、电位探针(P)20 m、电流探针(C)40 m。

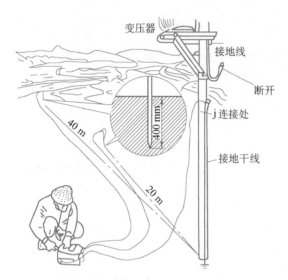

图 2-7 接地电阻测试仪连线图

图 2-8 读数位置图

(2) 操作:将倍率开关置于合适倍数上,以约 120 r/min 的转速均匀摇动摇把,同时调整测量旋钮使检流计指针稳定在中心线位置,停表读取并计算所测电阻值。

(3) 读数:如图 2-8 所示。刻度盘指向"4",倍率选择×1,最终读数为 4×1=4(Ω)。

(4) 判断接地电阻是否符合要求:工作接地不大于 4 Ω,重复接地不大于 10 Ω,保护接地不大于 4 Ω,防雷接地不大于 10 Ω,防静电接地不大于 100 Ω。

(三) 土壤率的测量

土壤率的测量如图 2-9 所示。土壤的电阻率 $\rho = 2\pi aR$,式中,ρ 为电阻率,π 为常数,取

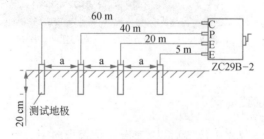

图 2-9 土壤率的测量

3.14，a 为两个探极之间的距离，R 为仪表的读数。

四、实训注意事项

（1）接地电阻测试仪是用来测量接地电阻的专用仪表，测量前应将接地装置与电源系统或被保护的电气设备断开。

（2）使用前应检查仪表外观应完好无破损，表盘应刻度清晰、表针无弯曲，钎子 2 根齐全，表线 3 根无破损，查表针零位。

项目四　钳形电流表的使用

一、实训目的

(1) 学会使用钳形电流表测量线路中的电流。
(2) 测量出三相异步电动机运行中的电流,并判断电动机的运行情况。
(3) 利用钳形电流表会判断三相负载不平衡情况的分析,并能找到解决问题的方法。

二、实训器材

实训器材包括:指针式钳形电流表、数字式钳形电流表、三相交流异步电动机、三相交流电源实验台。

三、实训内容及步骤

(一) 钳形电流表的工作原理

穿过铁芯的被测电路导线称为电流互感器的一次线圈,其中通过电流便在二次线圈中感应出电流,从而使二次线圈相连接的电流表有指示,测出被测线路的电流,如图 2-10 所示。

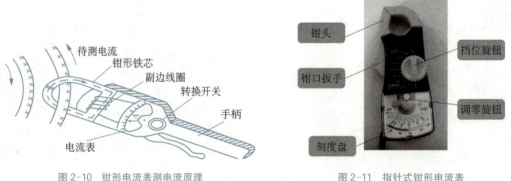

图 2-10　钳形电流表测电流原理　　　　图 2-11　指针式钳形电流表

(二)钳形电流表实物

钳形电流表是不断电就可测量线路电流大小的一种仪表。如图 2-11 所示,主要由钳口、扳手、刻度盘、挡位旋钮组成。

(三)测试数据

测试数据如表 2-5 所示。

表 2-5 测试数据

1	电流表信息	型号		额定电压	
2	三相交流电流值	相序	电流值	结果	
		A 相			
		B 相			
		C 相			

四、实训注意事项

(1) 检查外观无破损、钳型电流表铁芯开关开启灵活、钳口无锈蚀,查表零位。

(2) 保持安全距离,佩戴绝缘手套,进行实际测量。(原则上两人进行,一人操作,一人监护)

(3) 打开钳口,将被测导线置于钳口中间,读取测量值。

(4) 预估被测电流大小,选择合适量程,若无法估计被测电流大小,则应从最大量程开始,逐步换成合适的量程(指针偏在中间偏右,若在最小电流挡,偏转仍较小,则应将导线在钳口绕一定圈数),转换量程应在退出导线后进行。

项目五　辅助安全用具的使用

一、实训目的

(1) 学会辅助安全用具的穿戴和检查。
(2) 学会基本安全用具的使用和保养,并能判断安全用具的好坏。
(3) 能指导佩戴安全用具的检查工作。

二、实训器材

实训器材包括:安全帽、安全带、绝缘手套、低压验电笔。

三、实训内容及步骤

(一) 安全帽的穿戴

(1) 安全帽:防护人头部受坠落物或其他特定因素引起伤害的个人防护用品。
(2) 安全帽的检查:
① 安全帽的帽壳无裂纹、损伤。
② 安全帽帽衬组件(帽箍、顶衬、后箍、帽带)齐全、牢固。
③ 安全帽永久性标志清楚,在有效期之内。
(3) 正确佩戴安全帽:如图 2-12 所示。
① 戴上安全帽,调整后箍至合适大小。
② 耳朵在下颚带之间露出。
③ 收紧下颚带,并系紧系正。

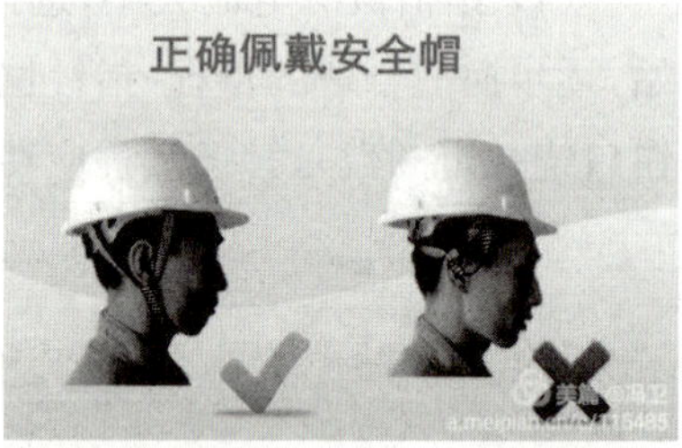

图 2-12　安全帽的正确佩戴

(二) 安全带的穿戴

(1) 安全带的作用:安全带是防止高处作业或发生坠落后将作业人员安全悬挂的个体防护用品,如图 2-13 所示。
(2) 检查安全带:
① 检查安全带无破损、变质。

图 2-13　半身式安全带

② 安全带各卡扣齐全、牢固。

③ 永久性标志清楚，并在有效期之内。

(三) 绝缘手套的穿戴

(1) 绝缘手套的作用：绝缘手套是电工作业人员防止触电的辅助绝缘安全用具，在低压工作也可作为基本绝缘安全用具，分为高压绝缘手套(12 kV)和低压绝缘手套(5 kV)，如图 2-14 所示。

高压绝缘手套可用在低压作业中；低压绝缘手套不可用在高压作业中。

(2) 检查绝缘手套：

① 绝缘手套无破损、粘胶、裂口等缺陷。

② 有试验合格标识，并在有效期之内。

③ 采用压气法检验是否漏气。

图 2-14　绝缘手套

(四) 低压验电器的检查及使用

(1) 低压验电笔的作用：低压验电笔是用来检测低压线路和电气设备是否带电的低压电器，也可区别火线与零线，判断电气设备外壳是否带电等，如图 2-15 所示。

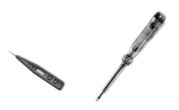

图 2-15　低压验电笔

（2）普通低压验电笔的内部结构：低压验电笔内部结构，如图2-16所示。

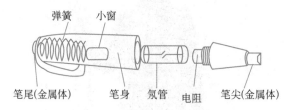

图2-16 低压电笔内部结构

（3）低压验电笔的检查与使用：

① 使用低压验电器之前，首先要检查其内部有无安全电阻，是否有损坏，有无进水或受潮，并在带电体上检查其是否可以正常发光，检查合格后方可使用。

② 测量时手指握住低压验电器笔身，食指触及笔身尾部金属体，小窗口朝向眼睛，以便于观察。

③ 在强的光线下或阳光下测试带电体时，应避光，以防观察不到氖管发亮，造成误判。

④ 低压验电器可用来区分火线和零线，接触时氖管发亮的是相线（火线），不亮的是零线。可用来判断电压的高低，氖管越暗，则表明电压越低；氖管越亮，则表明电压越高。

⑤ 当用低压验电器触及电机、变压器等电气设备外壳时，如果氖管发亮，则有漏电。

四、实训注意事项

（1）安全帽佩戴要正确，摘下安全帽要整理放置，切勿随意丢放。

（2）安全带在使用前要做好安全检查，调整至合适大小，正确穿戴。

（3）绝缘手套在使用前一定要做好检查，确保能够正常使用。

（4）检查验电笔外观无破损、脏污，氖管式附件齐全，测量前应在已知带电体上检验验电笔，确保电笔能够正常使用。使用时手握笔帽端金属部位，笔尖接触测试部位。

> 习题二

一、选择题

1. 关于钳形电流表的使用,下列_____种说法是正确的。
   A. 导线在钳口中时,可用大到小切换量程
   B. 导线在钳口中时,可用小到大切换量程
   C. 导线在钳口中时,可任意切换量程
   D. 导线在钳口中时,不能切换量程

2. 目前使用最广泛的接地摇表,如 ZC-8 型,属于_____类型的仪表。
   A. 流比计型　　　　　　　　　　　B. 电桥型
   C. 电位计型　　　　　　　　　　　D. 电压电流表型

3. 仪器仪表的维护存放,不应采取_____措施。
   A. 放在强磁场周围　　　　　　　　B. 保持干燥
   C. 棉纱擦拭　　　　　　　　　　　D. 轻拿轻放

4. 接地摇表的电位探针和电流探针应沿直线相距_____米分别插入地中。
   A. 15　　　　B. 20　　　　C. 25　　　　D. 30

5. 相序表是检测电源_____的电工仪表。
   A. 相位　　　　　　　　　　　　　B. 频率
   C. 周波　　　　　　　　　　　　　D. 正反相序

6. 绝缘摇表的输出电压端子 L、E、G 的极性为_____。
   A. E 端为正极,L 和 G 端为负极　　B. E 端为负极,L 和 G 端为正极
   C. L 端为正极,E 和 G 端为负极　　D. L 端为负极,E 和 G 端为正极

7. 工作接地的接地电阻每隔半年或一年检查_____。
   A. 4 次　　　　　　　　　　　　　B. 3 次
   C. 2 次　　　　　　　　　　　　　D. 1 次

8. 启动电动机前,应用钳形电流表卡住电动机_____引线的其中一根,测量电动机的启动电流。
   A. 2 根　　　　　　　　　　　　　B. 3 根
   C. 1 根　　　　　　　　　　　　　D. 所有

9. 万用表用完后,应将选择开关拨在_____挡。
   A. 电阻　　　　　　　　　　　　　B. 电压
   C. 交流电压　　　　　　　　　　　D. 电流

10. 电流互感器正常工作时二次侧回路可以_____。
    A. 开路　　　　　　　　　　　　　B. 短路
    C. 装熔断器　　　　　　　　　　　D. 接无穷大电阻

二、判断题

1. 钳形电流表既能测交流电流，也能测量直流电流。　　　　　　　（　　）
2. 使用万用表测量电阻，每换一次欧姆挡都要欧姆调零一次。　　　（　　）
3. 交流电流表和电压表所指示的都是有效值。　　　　　　　　　　（　　）
4. 试电笔是低压验电的主要工具，用于 500～1 000 V 电压的检测。　（　　）
5. 使用兆欧表前不必切断被测设备的电源。　　　　　　　　　　　（　　）

习题二　参考答案

一、选择题

1. D　2. C　3. A　4. B　5. D　6. A　7. D　8. B　9. C　10. B

二、判断题

1. ×　2. √　3. √　4. √　5. ×

03

模块三

变压器与电动机的应用

项目一　三相调压器、三相变压器的拆装与检测

一、实训目的

(1) 学会三相变压器、三相调压器的拆装与检测。
(2) 能找出三相变压器的原、副绕组。
(3) 学会用万用表排除三相变压器、三相调压器简单的故障。

二、实训器材

实训台(YL-DPS/PLC)、三相调压器(TSGC2-3KVA)、三相变压器(SG-300VA)、万用表(VC9205)、尖锥钳、"＋"和"－"字螺丝刀。

三、实训内容及过程

(一) 三相调压器(三相自耦调压器)

三相调压器(三相自耦调压器)如图3-1所示。

(a) 新式三相调压器 (0~430 V)　　　　　　　　　　(b) 老式调压器 (0~430 V)

图3-1　三相变压器

输入电压:0～380 V　　输出电压:0～430 V　　相数:三相
额定输出容量:3 kVA　　额定频率:50/60 Hz

(二) 分析三相调压器的升降压原理,并检测三相调压器的输入输出端

三相接触式调压器的接线原理图如图 3-2 所示。根据自感电动势的原理可以分析出输出电压升高和降低的原因。具体分析如下,升压原理如图 3-2(a)所示,在 2、3 之间加上 100 V 的交流电压,感应电动势的极性为 2 正 3 负,1、2 端之间感应电动势的极性为 1 正 2 负,4 端滑到 1 端,则 4、3 端之间的电压为 160 V,比输入的电压高,即 $U_{43}=U_{42}+U_{23}=60+100=160(V)$,所以为升压变压器。如图 3-2(b)所示,若 4 端在图所示位置,则输出电压减小(低于 100 V),所以为降压变压器。若 2、3 的极性为 2 正 3 负,1、2 的极性为 1 负 2 正,4 端滑到 1 端位置,则 4、3 之间的电压为 40 V,即 $U_{43}=U_{42}+U_{23}=-60+100=40(V)$,致使输出电压降低。

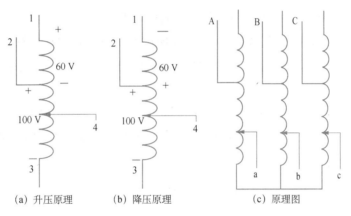

图 3-2 三相接触式调压器

三相交流输入端为 A、B、C;可调电压输出端为 a、b、c。a、b、c 三个滑动触点为同轴的,即 3 个触点同时移动,从而保证输出电压的对称性。

3 个电刷的接线分别接到了_____相、_____相、_____相。(通过测试测出结论)

思考:讨论电刷是用什么材料制作的,有什么优点?

检测:以 A 相为例。AO 之间的电阻值为 6 Ω,调整旋钮,AO 之间的电阻值固定不变(6 Ω,384 匝);aO 之间的电阻值为 0~7 Ω,调整旋钮,aO 之间的电阻值会变化(0~7 Ω,当 a 滑到最上端时,电阻值为 7 Ω,共计 440 匝,线径为 0.6~0.7 mm),从而判断出三相调压器的输入端和输出端。

注意:三相调压器的 A、B、C 端和 a、b、c 端不能互换接线。

电压表内分压电阻为 180 kΩ 与二极管串联。

讨论:当 a 滑动触点滑动到 O 点时,输出电压为多少伏?当 a 滑动到最上端时输出电压为多少伏?

(三) 三相调压器的使用

(1) 按图 3-3 所示原理电路图接线。

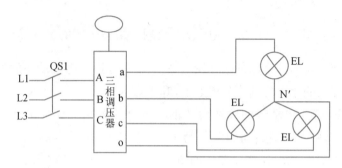

图 3-3 三相负载的星形连接原理图

（2）检查接线无误后，将三相调压器手柄旋到输出电压为零的位置，闭合三相电源刀开关 QS1。

（3）调节三相调压器的输出手柄，使输出的相电压 $U=220\text{ V}$。

（4）用电压表分别测量负载对称（3 个灯泡均为 60 W）时加在各灯泡上的电压 $U_{aN'}$、$U_{bN'}$、$U_{cN'}$，以及中性点间的电压 $U_{N'O}$，并观察各灯泡的发光亮度。将三相自耦调压器手柄旋回零位。

（5）调节三相自耦调压器手柄，使加在每相白炽灯上的电压为 50 V、110 V、150 V、180 V、220 V、240 V，分别观察不同输出电压时白炽灯的发光情况（不亮、微亮、较暗、正常、强光），填入表 3-1 中。

表 3-1　三相自耦调压器的使用

白炽灯两端的电压 U_P/V	50	110	150	180	220	240
白炽灯发光情况						

（四）三相变压器内部结构及内部线圈

（1）三相变压器的内部结构如图 3-4(a)所示，内部线圈如图 3-4(b)所示。

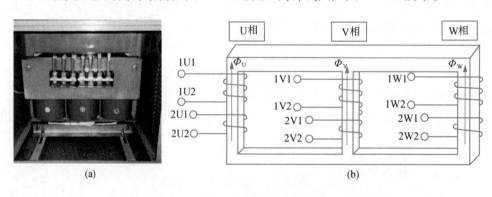

图 3-4　三相变压器的内部结构及内部线圈

(2) 绕组首尾端的标号如表 3-2 所示。

表 3-2 绕组首尾端的标记

绕组名称	单相变压器		三相变压器		中性点
	首端	末端	首端	末端	
高压绕组	1U1	1U2	1U1、1V1、1W1	1U2、1V2、1W2	N
低压绕组	2U1	2U2	2U1、2V1、2W1	2U2、2V2、2W2	n

(五) 分析三相变压器的连接组

从图 3-5 中可以看出,高压绕组的 1U2、1V2、1W2 接在一起,低压绕组 2U2、2V2、2W2 接在一起;输入端为 1U1、1V1、1W1,输出端为 2U1、2V1、2W1。

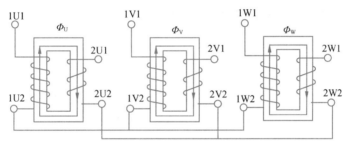

图 3-5 三相变压器连接组

讨论:判断原副绕组的依据是什么?

四、实训注意事项

(1) 单相变压器必须分清一次绕组及二次绕组,绝对不能弄错。

(2) 使用自耦调压器时,必须严格按使用方法进行,输入端和输出端不能接反。每次通电前和使用完毕断电前,均应将手柄退到零位上。

(3) 三相变压器的 3 个一次绕组及 3 个二次绕组必须判别清楚,绝对不能弄错。

(4) 加在三相变压器一次绕组上的电压(电源电压)绝对不能超过额定电压。

(5) 用兆欧表测对地绝缘电阻时必须注意:将兆欧表接线柱 L 接被测绕组的导电部分,接线柱 E 接被测变压器的铁芯部分。匀速摇动兆欧表手柄,使转速达到 120 r/min 左右,1 min 后读数。

(6) 在使用自耦变压器时必须注意,当 $U_{aN'}$ 两端电压超过 220 V 后,应很快将手柄旋到电压为 240 V 左右,并立即观察白炽灯发光亮度;然后,将手柄迅速退回到 0 位,以免在 240 V 处停留时间过长,烧损白炽灯。

(7) 通电试验前应由教师检查线路无误后方可进行。

(8) 注意人身及设备的安全。

项目二 三相变压器紊乱 12 个出线端的整理与标记

一、实训目的

(1) 能用万用表找出紊乱的 12 个出线端,并判别高、低压绕组。
(2) 学会确定属于同一个铁芯柱的两个绕组。
(3) 学会确定同一铁芯柱两个绕组的同名端。
(4) 学会确定同一侧 3 个绕组的同极性端。

二、实训器材

实训器材包括:三相调压器(TSGC2-3KVA)、三相变压器(SG-300VA)、万用表(VC9205)。

三、实训内容及过程

三相变压器高、低压绕组如何判断?同一个铁芯柱上高、低压绕组如何确定?同一个铁芯柱上高、低压绕组的同极性端(同名端)如何确定?同一侧 3 个绕组的同极性端如何确定?现就这 4 个问题描述如下:

(一) 紊乱的 12 个出线端中找出 6 个绕组,并判别高、低压绕组

用数字万用表电阻挡 200 挡位或是指针表(R×1 或 R×10 挡),测量 12 个出线端中任意两端的电阻,若电阻值较小,则属于同一绕组;若电阻值为无穷大,则不属于同一绕组。对已找出的 6 个绕组,3 个电阻值较大的为高压绕组,3 个电阻值小的为低压绕组。因为高压绕组的匝数多,导线细,所以电阻值大。

(二) 确定属于同一个铁芯柱的两个绕组

任选一个高压绕组,加上一个较小的交流电压(100 V),用万用表的电压挡测量 3 个低压绕组的电压,其中,电压最高的低压绕组与加电压的高压绕组属于同一铁芯柱,因为同一铁芯柱上的两个绕组耦合得最好。例如,在 1、2 端通上 100 V 交流电,用电压挡分别测出 3、4 端电压,7、8 端电压,11、12 端电压,得到 3、4 端电压最高,则 1、2 端与 3、4 端确定在同一个铁芯柱上。同理可以得到 5、6 端与 7、8 端在同一个铁芯柱上,9、10 端与 11、12 端在同一个铁芯柱上,

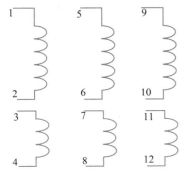

图 3-6 同一个铁芯柱的两个绕组的判定

如图 3-6 所示。

(三) 确定属于同一个铁芯柱上两个绕组的同极性端

同名端概念:在同一个磁通量的变化作用下,感应电动势极性相同的端点叫同名端(或同极性端)。用"·""∗"表示。

对于同一铁芯柱上两个绕组的同极性端,各任意找出一端并用导线连接起来,在高压绕组上加一较小的交流电压(100 V),用电压表分别测量出高低压绕组的电压及两绕组的开口电压。若开口电压值为高低压绕组的电压值之差,则所连接的两端为同极性端;若开口电压值为高低压绕组的电压值之和,则所连接的两端为非同极性端;这种方法称为减极性法,如图 3-7 所示。在图中 3-7(a)中,开口电压 $V=V_1+V_2=100+60=160(V)$,2、3 端为异名端;在图中 3-7(b)中,开口电压 $V=|V_1-V_2|=100-60=40(V)$,2、3 端为同名端。

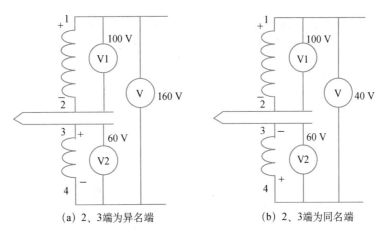

(a) 2、3端为异名端　　　　　(b) 2、3端为同名端

图 3-7　同一个铁芯柱上两个绕组同极性端的判别

(四) 确定同一侧 3 个绕组的同极性端

对于同一侧的 3 个绕组,也可以用减极性法判别同极性端。即任选两绕组的一端并用导线连接起来,在剩下的一个绕组加一较小的交流电压(100 V),用电压表分别测出两个自身电压以及有导线连接的两个绕组的开口电压,若开口电压值为两绕组的自身电压之差,则所连接的两端为同极性端,若开口电压值为两绕组的自身电压之和,则所连接的两端为非同极性端,如图 3-8 所示。图 3-8(a)中,在 1、2 端加上交流电压,开口电压 $V=V_1+V_2$,说明 4、6 端为异名端,4、5 端是同名端,3、6 端也为同名端;用同样的方法,在图 3-8(b)中,3、4 线圈上通电,将线圈 2 端与线圈 6 端接起来,测量出开口电压,开口电压 $V=V_1-V_2$,从而判断 2、6 端为同名端。最后可确定出 2、6、3 或 1、4、5 为同一侧的同名端。

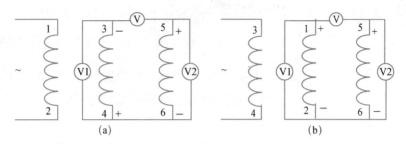

图 3-8 同一侧 3 个绕组同名端的判断

(五) 三相变压器一、二次绕组绝缘电阻的核查

为保证三相变压器在实验时的人身及设备安全,必须核查绕组的绝缘电阻应符合要求,具体核查内容有:

(1) 一次绕组对地绝缘电阻:将 3 个一次绕组串联,用兆欧表测量一次绕组对地绝缘电阻值为_____MΩ。

(2) 二次绕组对地绝缘电阻测量:二次绕组对地绝缘电阻值为_____MΩ。

(3) 一、二次绕组间的绝缘电阻:将 3 个一次绕组串联为一组,将 3 个二次绕组串联为另一组,测量次绕组间的绝缘电阻值为_____MΩ。

(4) 对 500 V 以下的变压器,上述绝缘电阻值均不能低于 0.5 MΩ,通常均在几兆欧以上。

四、实训注意事项

(1) 三相调压器通电之前,应检查手柄是否在 0 位。

(2) 接线完成后,将数字万用表拨到交流 750 V 挡位,接通总电源,调整调压器手柄,使数字万用表交流电压显示 100 V。

(3) 断电时,应将调压器手柄调到 0 位,断开断路器电源。

(4) 为防止触电发生,三相变压器、调压器接线、拆线应先断电后进行。

项目三　三相变压器的连接组别 Y/y6

一、实训目的

(1) 能够完成三相变压器连接组别 Y/y6 的接线。
(2) 学会 Y/y6 连接组别的原理图、相量图的绘制。
(3) 学会 Y/y6 连接组别数据的测试。

二、实训器材

实训器材包括：三相调压器(TSGC2-3KVA)、三相变压器(SG-300VA)、万用表(VC9205)、导线若干。

三、实训内容及过程

三相变压器高、低压绕组用星形连接和三角形连接时，在旧的国家标准中分别用 Y 和 △示。新的国家标准规定：高压绕组星形连接用 Y 表示，三角形连接用 D 表示，中性线用 N 表示；低压绕组星形连接用 y 表示，三角形连接用 d 表示，中性线用 n 表示。

三相变压器一、二次绕组不同接法的组合形式有：Y,y；YN,d；Y,d；Y,yn；D,y；D,d 等，其中最常用的组合形式有 3 种，即 Y,yn；YN,d 和 Y,d。不同形式的组合，各有优缺点。对于高压绕组来说，接成星形最为有利，因为它的相电压只有线电压的 $1/\sqrt{3}$，当中性点引出接地时，绕组对地的绝缘要求降低了。大电流的低压绕组，采用三角形连接可以使导线截面比星形连接时小 $1/\sqrt{3}$，便于绕制，所以大容量的变压器通常采用 Y,d 或 YN,d 连接。容量不太大而且需要中性线的变压器，广泛采用 Y,yn 连接，以适应照明与动力混合负载需要的两种电压。

上述各种接法中，一次绕组线电压与二次绕组线电压之间的相位关系是不同的，这就是所谓三相变压器的连接组别。三相变压器连接组别不仅与绕组的绕向和首末端的标记有关，而且还与三相绕组的连接方式有关。理论与实践证明，无论怎样连接，一、二次绕组线电动势的相位差总是 30°的整数倍。因此，国际上规定，标志三相变压器次绕组线电动势的相位关系用时钟表示法，即规定一次绕组线电动势 $\dot{E}_{UV}$ 为长针，永远指向钟面上的 12，二

次绕组线电动势 $\dot{E}_{UV}$ 为短针,它指向钟面上的哪个数字,该数字则为该三相变压器连接组别的标号。目前使用最多的是 Y,yn0 连接组。

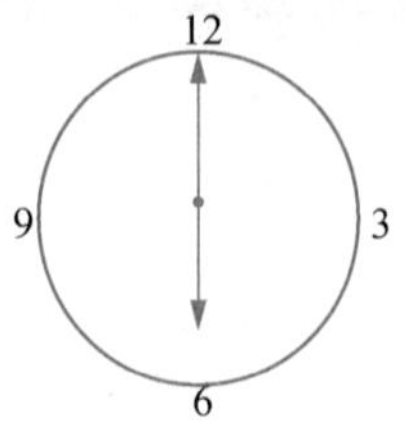

连接组别:表示一次侧线电压与二次侧线电压之间的相位差,通常用时钟图表示,如图 3-9 所示。

(一) Y/y6 时钟图

时钟图中,长针(分针)代表一次侧线电压,短针(时针)代表二次侧相电压。从 3 点和 9 点中间分开,长针和短针都在一个方向,则为同名端输出;长针和短针不在一个方向,则为异名端输出。在图 3-9 Y/y6 时钟图中,长针和短针不在同一个方向,所以为异名端输出。

图 3-9 Y/y6 时钟图

(二) 三相变压器 Y/y6 连接组别原理图

输入端:1U1、1V1、1W1;输出端:2U1、2V1、2W1;根据连接组别和时钟图,可以判断出输出端为异名端输出,即 2U1、2V1、2W1。图中 2U2、2V2、2W2 和 1U1、1V1、1W1 为同名端。将一次侧的末端 1U2、1V2、1W2 接在一起,二次侧的首端 2U2、2V2、2W2 接在一起,如图 3-10 所示。

(三) 三相变压器 Y/y6 连接组别相量图

三相变压器 Y/y6 连接组别相量图如图 3-11 所示。

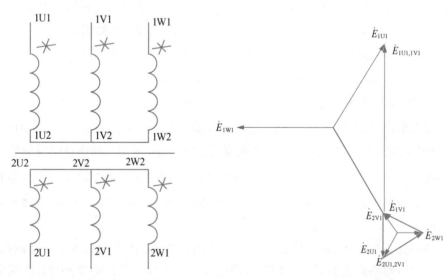

图 3-10 Y/y6 连接组别原理图   图 3-11 Y/y6 连接组别相量图

相量图:表示相位和大小的图形,用电动势表示相量图。电动势是电位升,如电动势 $\dot{E}_{1U1,1V1}$ 是 V 相指向 U 相,永远指向 12 点。而电压是电位降,如 $U_{1U1,1V1}$ 是 U 相指向 V 相,指向 6 点,要注意箭头的指向。绘图的原则:先画一次侧的相电动势,$\dot{E}_{1U1}$、$\dot{E}_{1V1}$、$\dot{E}_{1W1}$ 长度相等,角度相互差 120°;然后,画一次侧的线电动势 $\dot{E}_{1U1,1V1}$,箭头的指向是 V 相指向 U 相;再画二次侧的线电动势 $\dot{E}_{2U1,2V1}$,此处一次侧线电动势与二侧线电动势方向相反,因为是异名端输出;最后画出二次侧的相电动势,因为是星形接法。

(四) 实物接线图

如图 3-12(a)所示为变压器的实物接线图。图 3-12(b)是测量相位差的实物接线图,要注意探头线和夹子线不能接反。通过用示波器测量可以得出一次侧线电压与二次侧线电压相差 180°,测量中如果相位差不是相差 180°,表示接线错误,需要判断电源的相序和接线是否正确。

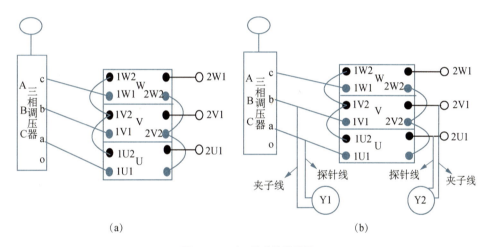

图 3-12　Y/y6 的实物接线图

(五) 测试数据

一次侧线电压:

$U_{1U1,1V1}=$　　　$U_{1U1,1W1}=$　　　$U_{1V1,1W1}=$

一次侧相电压:

$U_{1U1,1U2}=$　　　$U_{1V1,1V2}=$　　　$U_{1W1,1W2}=$

二次侧线电压:

$U_{2U1,2V1}=$　　　$U_{2U1,2W1}=$　　　$U_{2V1,2W1}=$

二次侧相电压:

$U_{2U1,2U2}=$　　　$U_{2V1,2V2}=$　　　$U_{2W1,2W2}=$

公式验证:变压器的连接组别为 Y 接法,则 $U_{线}=\sqrt{3}U_{相}$,从而验证测试数据的正确性。

四、实训注意事项

（1）示波器插头接地线与探头夹子线因在内部是连接在一起的，所以要处理接地线的问题。

（2）Y/y6 接线和拆线要在断电的情况下进行，切忌通电接拆线。

（3）使用示波器测量相位差时，注意夹子线不能碰到变压器铁壳，防止出现触电现象。确认接线正确后通电调试，测出相位差。

（4）Y/y6 连接组的接线通电电压为 100 V，以保证安全。

（5）测量电压时，应选用交流电压 750 V 挡，表笔线金属部分与手保持一定的安全距离。万用表使用完毕应将其转换到 OFF 挡。

项目四　三相变压器的连接组别 Y/y12

一、实训目的

(1) 能够完成三相变压器连接组别 Y/y12 的接线。
(2) 学会 Y/y12 连接组别的原理图、相量图的绘制。
(3) 学会 Y/y12 连接组别数据的测试。

二、实训器材

实训器材包括：三相调压器(TSGC2-3KVA)、三相变压器(SG-300VA)、万用表(VC9205)、导线若干。

三、实训内容及过程

(一) Y/y12 时钟图

Y/y12 时钟图如图 3-13 所示。时钟图中，长针(分针)代表一次侧线电压，短针(时针)代表二次侧相电压。从 3 点和 9 点中间分开，长针和短针都在一个方向，则为同名端输出；长针和短针不在一个方向，则为异名端输出。在 Y/y12 时钟图中，长针和短针在同一个方向，所以为同名端输出。

图 3-13　Y/y12 时钟图

(二) 三相变压器 Y/y12 连接组别原理图

变压器 Y/y12 的原理图如图 3-14 所示，输入端：1U1、1V1、1W1；输出端：2U1、2V1、2W1；根据连接组别和时钟图，可以判断出输出端为同名端输出，即 2U1、2V1、2W1。图中 2U1、2V1、2W1 和 1U1、1V1、1W1 为同名端。将一次侧的末端 1U2、1V2、1W2 接在一起，二次侧的末端 2U2、2V$_2$、2W2 接在一起。

(三) 三相变压器 Y/y12 连接组别相量图

三相变压器 Y/y12 连接组别相量图如图 3-15 所示，$\dot{E}_{1U1,1V1}$ 为长针(分针)指向 12 点，

$\dot{E}_{2U1,2V1}$ 为短针(时针)指向 12 点,长针和短针的方向一致,即为同名端输出。绘图的原则:先画一次侧的相电动势,$\dot{E}_{1U1}$、$\dot{E}_{1V1}$、$\dot{E}_{1W1}$ 长度相等,角度相互差 120°;然后画一次侧的线电动势 $\dot{E}_{1U1,1V1}$,箭头的指向是 V 相指向 U 相;再画二次侧的线电动势 $\dot{E}_{2U1,2V1}$,此处一次侧线电动势与二侧线电动势方向相同,因为是同名端输出;最后画出二次侧的相电动势,因为是星形接法。

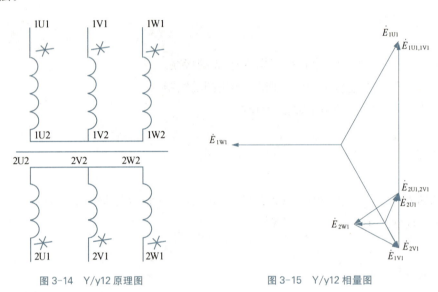

图 3-14　Y/y12 原理图　　　　图 3-15　Y/y12 相量图

(四) 实物接线图

实物接线如图 3-16 所示。图 3-16(a)所示为变压器的实物接线图。图 3-16(b)是测量相位差的实物接线图,要注意探头线和夹子线不能接反。用示波器测量可以得出一次侧线电压与二次侧线电压相差 0°。测量中如果相位差不是相差 0°,表示接线错误,需要判断电源的相序和接线是否正确。

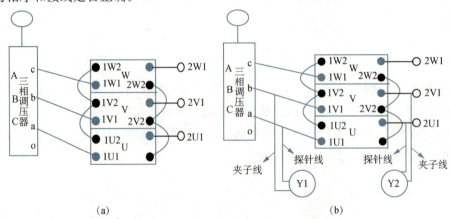

图 3-16　Y/y12 的实物接线图

(五)测试数据

一次侧线电压：

$U_{1U1,1V1} =$ $U_{1U1,1W1} =$ $U_{1V1,1W1} =$

一次侧相电压：

$U_{1U1,1U2} =$ $U_{1V1,1V2} =$ $U_{1W1,1W2} =$

二次侧线电压：

$U_{2U1,2V1} =$ $U_{2U1,2W1} =$ $U_{2V1,2W1} =$

二次侧相电压：

$U_{2U1,2U2} =$ $U_{2V1,2V2} =$ $U_{2W1,2W2} =$

比较：Y/y6 与 Y/y12 连接组别不同，通电电压相同的情况下（100 V）所测量的电压是相同的，那么既然电压相同，为什么还要分不同的连接组别呢？

四、实训注意事项

（1）示波器插头接地线与探头夹子线因在内部是连接在一起的，所以要处理接地线的问题。

（2）Y/y12 接线和拆线要在断电的情况下进行，切忌通电接拆线。

（3）使用示波器测量相位差时，注意夹子线不能碰到变压器铁壳，防止出现触电现象。确认接线正确后通电调试，测出相位差。

（4）Y/y12 连接组的接线通电电压为 100 V，以保证安全。

（5）测量电压时，应选用交流电压 750 V 挡，表笔线金属部分与手保持一定的安全距离。万用表使用完毕应将其转换到 OFF 挡。

项目五 三相变压器的连接组别 Y/△5

一、实训目的

(1) 能够完成三相变压器连接组别 Y/△5 的接线。
(2) 学会 Y/△5 连接组别的原理图、相量图的绘制。
(3) 学会 Y/△5 连接组别数据的测试。

二、实训器材

实训器材包括：三相调压器（TSGC2-3KVA）、三相变压器（SG-300VA）、万用表（VC9205）、导线若干。

三、实训内容及过程

（一）Y/△5 时钟图

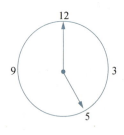

图 3-17 Y/△5 的时钟图

Y/△5 的时钟图如图 3-17 所示。时钟图中，长针（分针）代表一次侧线电压，短针（时针）代表二次侧相电压。从 3 点和 9 点中间分开，长针和短针都在一个方向，则为同名端输出；长针和短针不在一个方向，则为异名端输出。在 Y/△5 时钟图中，长针和短针不在同一个方向，所以为异名端输出。

（二）三相变压器 Y/△5 连接组别原理图

变压器 Y/△5 的原理图如图 3-18 所示，输入端：1U1、1V1、1W1；输出端：2U1、2V1、2W1；根据连接组别和时钟图，可以判断出输出端为异名端输出，即 2U1、2V1、2W1。图中 2U1、2V1、2W1 和 1U1、1V1、1W1 为异名端。将一次侧的末端 1U2、1V2、1W2 接在一起，二次侧的尾首端 2U1(2V2)、2V1(2W2)、2W1(2U2) 接在一起，如图 3-18 所示。

(三)三相变压器 Y/△5 连接组别相量图

三相变压器 Y/△5 连接组别相量图如图 3-19 所示,图中 $\dot{E}_{1U1,1V1}$ 为长针(分针)指向 12 点,$\dot{E}_{2U1,2V1}$ 为短针(时针)指向 5 点,长针和短针的方向不一致,即为异名端输出。绘图原则:先画一次侧的相电动势,$\dot{E}_{1U1}$、$\dot{E}_{1V1}$、$\dot{E}_{1W1}$ 长度相等,角度相互差 120°;然后画一次侧的线电动势 $\dot{E}_{1U1,1V1}$,箭头的指向是 V 相指向 U 相;再画二次侧的线电动势 $\dot{E}_{2U1,2V1}$,此处二次侧的线电动势即为二侧的相电动势,方向相反,因为是异名端输出。

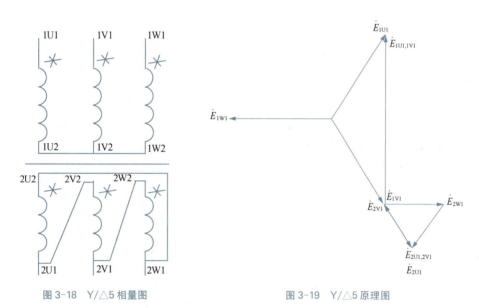

图 3-18　Y/△5 相量图　　　　图 3-19　Y/△5 原理图

(四)实物接线图

实物接线如图 3-20 所示。图 3-20(a)所示为变压器的实物接线图。图 3-20(b)所示

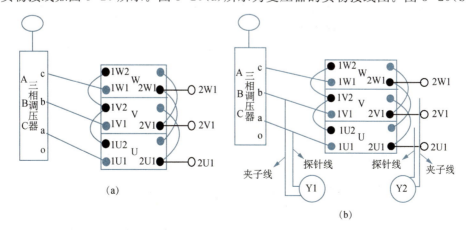

图 3-20　Y/△5 的实物接线图

是测量相位差的实物接线图,要注意探头线和夹子线不能接反。用示波器测量可以得出一次侧线电压与二次侧线电压相差150°,测量中如果相位差不是相差150°,表示接线错误,需要判断电源的相序和接线是否正确。

(五)测试数据

一次侧线电压:

$U_{1U1,1V1}=$　　　　$U_{1U1,1W1}=$　　　　$U_{1V1,1W1}=$

一次侧相电压:

$U_{1U1,1U2}=$　　　　$U_{1V1,1V2}=$　　　　$U_{1W1,1W2}=$

二次侧线电压:

$U_{2U1,2V1}=$　　　　$U_{2U1,2W1}=$　　　　$U_{2V1,2W1}=$

二次侧相电压:

$U_{2U1,2U2}=$　　　　$U_{2V1,2V2}=$　　　　$U_{2W1,2W2}=$

公式:变压器的连接组别为 Y 接法,则 $U_{线}=\sqrt{3}U_{相}$,变压器的连接组别为△接法,$U_{线}=U_{相}$,从而验证测试数据的正确性。

四、实训注意事项

(1)示波器插头接地线与探头夹子线因在内部是连接在一起的,所以要处理接地线的问题。

(2)Y/△5 接线和拆线要在断电的情况下进行,切忌通电接拆线。

(3)使用示波器测量相位差时,注意夹子线不能碰到变压器铁壳,防止出现触电现象。确认接线正确后通电调试,测出相位差。

(4)Y/△5 连接组的接线,通电电压为 100 V,以保证安全。

(5)测量电压时,应选用交流电压 750 V 挡,表笔线金属部分与手保持一定的安全距离。万用表使用完毕应将其转换到 OFF 挡。

项目六 三相变压器的连接组别 Y/△11

一、实训目的

(1) 能够完成三相变压器连接组别 Y/△11 的接线。
(2) 学会 Y/△11 连接组别的原理图、相量图的绘制。
(3) 学会 Y/△11 连接组别数据的测试。

二、实训器材

实训器材包括:三相调压器(TSGC2-3KVA)、三相变压器(SG-300VA)、万用表(VC9205)、导线若干。

三、实训内容及过程

(一) Y/△11 的时钟图

Y/△11 的时钟图如图 3-21 所示。时钟图中,长针(分针)代表一次侧线电压,短针(时针)代表二次侧相电压。从 3 点和 9 点中间分开,长针和短针都在一个方向,则为同名端输出;长针和短针不在一个方向,则为异名端输出。有 Y/△11 时钟图中,长针和短针在同一个方向,所以为同名端输出。

图 3-21 Y/△11 的时钟图

(二) 三相变压器 Y/△11 连接组别原理图

变压器 Y/△11 的原理图如图 3-22 所示,输入端:1U1、1V2、1W1;输出端:2U1、2V1、2W1;根据连接组别和时钟图,可以判断出输出端为同名端输出,即 2U1、2V1、2W1。图中 2U1、2V1、2W1 和 1U1、1V1、1W1 为同名端。将一次侧的末端 1U2、1V2、1W2 接在一起,二次侧的首尾端 2U1(2V2)、2V1(2W2)、2W1(2U2)接在一起。

(三) 三相变压器 Y/△11 连接组别相量图

三相变压器 Y/△11 连接组别相量图如图 3-23 所示,图中 $\dot{E}_{1U1,1V1}$ 为长针(分针)指向

12 点,$\dot{E}_{2U1,2V1}$ 为短针(时针)指向 11 点,长针和短针的方向一致,即为同名端输出。绘图原则:先画一次侧的相电动势,$\dot{E}_{1U1}$、$\dot{E}_{1V1}$、$\dot{E}_{1W1}$ 长度相等,角度相互差 120°;然后画一次侧的线电动势 $\dot{E}_{1U1,1V1}$,箭头的指向是 V 相指向 U 相;再画二次侧的线电动势 $\dot{E}_{2U1,2V1}$,此处二次侧的线电动势即为二侧的相电动势,方向相同,因为是同名端输出。

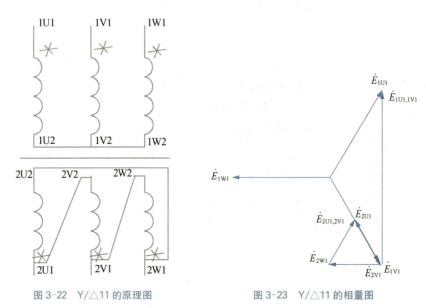

图 3-22　Y/△11 的原理图　　　　图 3-23　Y/△11 的相量图

(四) 实物接线图

实物接线如图 3-24 所示。图 3-24(a)所示为变压器的实物接线图。图 3-24(b)所示是测量相位差的实物接线图,要注意探头线和夹子线不能接反。用示波器测量可以得出一次侧线电压与二次侧线电压相差 330°(二次侧线电压超前一次侧线电压 30°),测量中如果相位差不是相差 330°,表示接线错误,需要判断电源的相序和接线是否正确。

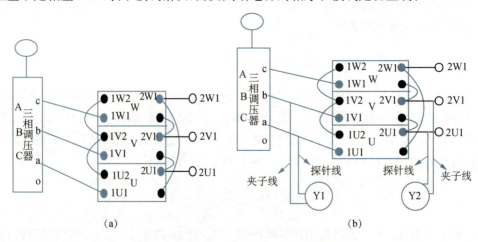

图 3-24　变压器 Y/△11 连接组别实物接线图

（五）测试数据

一次侧线电压：

$U_{1U1,1V1}=$ $U_{1U1,1W1}=$ $U_{1V1,1W1}=$

一次侧相电压：

$U_{1U1,1U2}=$ $U_{1V1,1V2}=$ $U_{1W1,1W2}=$

二次侧线电压：

$U_{2U1,2V1}=$ $U_{2U1,2W1}=$ $U_{2V1,2W1}=$

二次侧相电压：

$U_{2U1,2U2}=$ $U_{2V1,2V2}=$ $U_{2W1,2W2}=$

公式：变压器的连接组别为 Y 接法，则 $U_{线}=\sqrt{3}U_{相}$，变压器的连接组别为 △ 接法，$U_{线}=U_{相}$，从而验证测试数据的正确性。

四、实训注意事项

（1）示波器插头接地线与探头夹子线因在内部是连接在一起的，所以要处理接地线的问题。

（2）Y/△11 接线和拆线要在断电的情况下进行，切忌通电接拆线。

（3）使用示波器测量相位差时，注意夹子线不能碰到变压器铁壳，防止出现触电现象。确认接线正确后通电调试，测出相位差。

（4）Y/△11 连接组的接线，通电电压为 100 V，以保证安全。

（5）测量电压时，应选用交流电压 750 V 挡，表笔线金属部分与手保持一定的安全距离。万用表使用完毕应将其转换到 OFF 挡。

项目七 三相变压器的连接组别 Y/△1

一、实训目的

(1) 能够完成三相变压器联接组别 Y/△1 的接线。
(2) 学会 Y/△1 连接组别的原理图、相量图的绘制。
(3) 学会 Y/△1 连接组别数据的测试。

二、实训器材

实训器材包括：三相调压器(TSGC2-3KVA)、三相变压器(SG-300VA)、万用表(VC9205)、导线若干。

三、实训内容及过程

(一) Y/△1 时钟图

Y/△1 的时钟图如图 3-25 所示。时钟图中，长针(分针)代表一次侧线电压，短针(时针)代表二次侧相电压。从 3 点和 9 点中间分开，长针和短针都在一个方向，则为同名端输出；长针和短针不在一个方向，则为异名端输出。在 Y/△1 时钟图中，长针和短针在同一个方向，所以为同名端输出。

图 3-25 Y/△1 的时钟图

(二) 三相变压器 Y/△1 连接组别原理图

变压器 Y/△1 的原理图如图 3-26 所示，输入端：1U1、1V1、1W1；输出端：2U1、2V1、2W1；根据连接组别和时钟图，可以判断出输出端为同名端输出，即 2U1、2V1、2W1。图中 2U1、2V1、2W1 和 1U1、1V1、1W1 为同名端。将一次侧的末端 1U2、1V2、1W2 接在一起，二次侧的尾首端 2U2(2V1)、2V$_2$(2W1)、2W2(2U1)接在一起。

(三) 三相变压器 Y/△1 连接组别相量图

三相变压器 Y/△1 连接组别相量图如图 3-27 所示，图中 $\dot{E}_{1U1,1V1}$ 为长针(分针)指向

12点,$\dot{E}_{2U1,2V1}$为短针(时针)指向1点,长针和短针的方向一致,即为同名端输出。绘图原则:先画一次侧的相电动势,$\dot{E}_{1U1}$、$\dot{E}_{1V1}$、$\dot{E}_{1W1}$长度相等,角度相互差120°;然后画一次侧的线电动势$\dot{E}_{1U1,1V1}$,箭头的指向是V相指向U相;再画二次侧的线电动势$\dot{E}_{2U1,2V1}$,此处二次侧的线电动势即为二侧的相电动势,方向相同,因为是同名端输出。

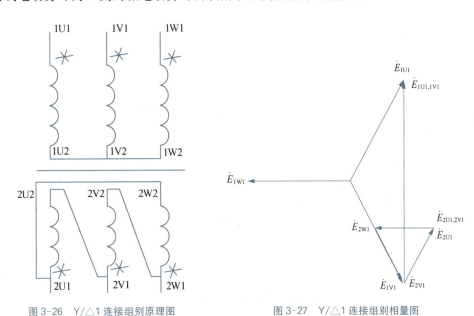

图 3-26　Y/△1 连接组别原理图　　　　图 3-27　Y/△1 连接组别相量图

(四) 实物接线图

实物接线如图 3-28 所示。图 3-28(a)所示为变压器的实物接线图。图 3-28(b)所示是测量相位差的实物接线图,要注意探头线和夹子线不能接反。用示波器测量可以得出一

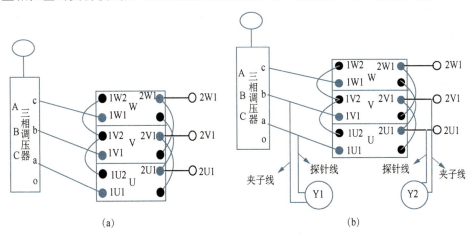

图 3-28　变压器 Y/△1 连接组别实物接线图

次侧线电压与二次侧线电压相差 30°。测量中如果相位差不是相差 30°,表示接线错误,需要判断电源的相序和接线是否正确。

(五) 测试数据

一次侧线电压:

$U_{1U1,1V1}=$ $U_{1U1,1W1}=$ $U_{1V1,1W1}=$

一次侧相电压:

$U_{1U1,1U2}=$ $U_{1V1,1V2}=$ $U_{1W1,1W2}=$

二次侧线电压:

$U_{2U1,2V1}=$ $U_{2U1,2W1}=$ $U_{2V1,2W1}=$

二次侧相电压:

$U_{2U1,2U2}=$ $U_{2V1,2V2}=$ $U_{2W1,2W2}=$

公式:变压器的连接组别为 Y 接法,则 $U_{线}=\sqrt{3}U_{相}$,变压器的连接组别为 △ 接法,$U_{线}=U_{相}$,从而验证测试数据的正确性。

四、实训注意事项

(1) 示波器插头接地线与探头夹子线因在内部是连接在一起的,所以要处理接地线的问题。

(2) Y/△1 接线和拆线要在断电的情况下进行,切忌通电接拆线。

(3) 使用示波器测量相位差时,注意夹子线不能碰到变压器铁壳,防止出现触电现象。确认接线正确后通电调试,测出相位差。

(4) Y/△1 连接组的接线,通电电压为 100 V,以保证安全。

(5) 测量电压时,应选用交流电压 750 V 挡,表笔线金属部分与手保持一定的安全距离。万用表使用完毕应将其转换到 OFF 挡。

项目八　三相变压器的连接组别 Y/△7

一、实训目的

(1) 能够完成三相变压器联接组别 Y/△7 的接线。
(2) 学会 Y/△7 连接组别的原理图、相量图的绘制。
(3) 学会 Y/△7 连接组别数据的测试。

二、实训器材

实训器材包括：三相调压器（TSGC2-3KVA）、三相变压器（SG-300VA）、万用表（VC9205）、导线若干。

三、实训内容及过程

(一) Y/△7 时钟图

Y/△7 的时钟图如图 3-29 所示。时钟图中，长针（分针）代表一次侧线电压，短针（时针）代表二次侧相电压。从 3 点和 9 点中间分开，长针和短针都在一个方向，则为同名端输出；长针和短针不在一个方向，则为异名端输出。在 Y/△7 时钟图中，长针和短针不在同一个方向，所以为异名端输出。

图 3-29　Y/△7 的时钟图

(二) 三相变压器 Y/△7 连接组别原理图

变压器 Y/△5 的原理图如图 3-30 所示，输入端：1U1、1V1、1W1；输出端：2U1、2V1、2W1；根据连接组别和时钟图，可以判断出输出端为异名端输出，即 2U1、2V1、2W1。图中 2U1、2V1、2W1 和 1U1、1V1、1W1 为异名端。将一次侧的末端 1U2、1V2、1W2 接在一起，二次侧的首尾端 2U2(2V1)、2V$_2$(2W1)、2W2(2U1)接在一起。

(三) 三相变压器 Y/△7 连接组别相量图

三相变压器 Y/△7 连接组别相量图如图 3-31 所示，图中 $\dot{E}_{1U1,1V1}$ 为长针（分针）指向

12点，$\dot{E}_{2U1,2V1}$ 为短针（时针）指向5点，长针和短针的方向不一致，即为异名端输出。绘图原则：先画一次侧的相电动势，$\dot{E}_{1U1}$、$\dot{E}_{1V1}$、$\dot{E}_{1W1}$ 长度相等，角度相互差 120°；然后画一次侧的线电动势 $\dot{E}_{1U1,1V1}$，箭头的指向是 V 相指向 U 相；再画二次侧的线电动势 $\dot{E}_{2U1,2V1}$，此处二次侧的线电动势即为二侧的相电动势，方向相反，因为是异名端输出。

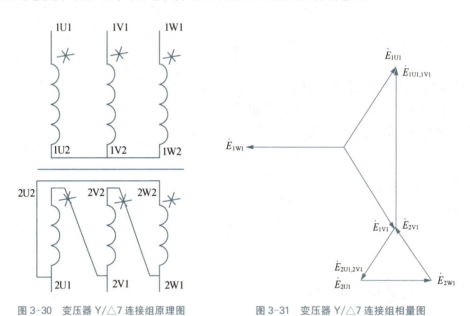

图 3-30 变压器 Y/△7 连接组原理图   图 3-31 变压器 Y/△7 连接组相量图

（四）实物接线图

实物接线如图 3-32 所示。图 3-32(a) 所示为变压器的实物接线图。图 3-32(b) 是测量相位差的实物接线图，要注意探头线和夹子线不能接反。用示波器测量可以得出一次侧

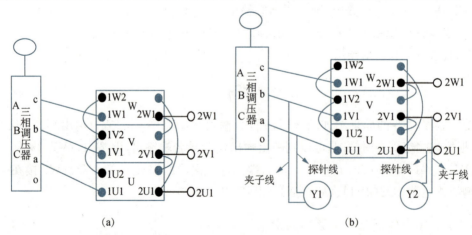

图 3-32 变压器 Y/△7 连接组别实物接线图

线电压与二次侧线电压相差 210°(二次侧的线电压超前一次侧线电压 150°)。测量中如果相位差不是相差 210°,表示接线错误,需要判断电源的相序和接线是否正确。

(五) 测试数据

一次侧线电压:

$U_{1U1,1V1}=$ $U_{1U1,1W1}=$ $U_{1V1,1W1}=$

一次侧相电压:

$U_{1U1,1U2}=$ $U_{1V1,1V2}=$ $U_{1W1,1W2}=$

二次侧线电压:

$U_{2U1,2V1}=$ $U_{2U1,2W1}=$ $U_{2V1,2W1}=$

二次侧相电压:

$U_{2U1,2U2}=$ $U_{2V1,2V2}=$ $U_{2W1,2W2}=$

公式:变压器的连接组别为 Y 接法,则 $U_{线}=\sqrt{3}U_{相}$,变压器的连接组别为 △ 接法,$U_{线}=U_{相}$,从而验证测试数据的正确性。

四、实训注意事项

(1) 示波器插头接地线与探头夹子线因在内部是连接在一起的,所以要处理接地线的问题。

(2) Y/△7 接线和拆线要在断电的情况下进行,切忌通电接拆线。

(3) 使用示波器测量相位差时,注意夹子线不能碰到变压器铁壳,防止出现触电现象。确认接线正确后通电调试,测出相位差。

(4) Y/△7 连接组的接线,通电电压为 100 V,以保证安全。

(5) 测量电压时,应选用交流电压 750 V 挡,表笔线金属部分与手保持一定的安全距离。万用表使用完毕应将其转换到 OFF 挡。

项目九 三相异步电动机首尾端的判别方法

一、实训目的

(1) 学会用电压法和电流法判别三相异步电动机的首尾端。
(2) 掌握电压法和电流法测量首尾端具体的操作步骤和方法。

二、实训器材

实训器材包括：三相交流异步电动机（YS7114）、电压表、电流表、万用表、三相交流调压器（TGSC2-3KVA）。

三、实训内容及过程

（一）电流法（一）

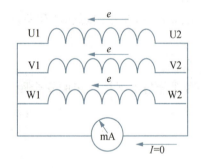

图3-33 电流法（一）

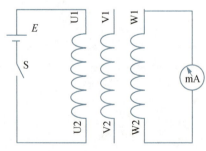

图3-34 电流法（二）

这种方法是：首先用万用表欧姆挡找出三相绕组每相绕组的两个引出线头。做三相绕组的假设编号U1、U2、V1、V2、W1、W2。再将三相绕组假设的三首三尾分别连接在一起，用万用表毫安挡测量，如图3-33所示。

用手转动电动机转子，若万用表指针不动，则假设的首尾端均正确。若万用表指针摆动，说明假设编号的首尾有误，应逐相对调重测，直到万用表指针不动为止，此时连在一起的三首三尾正确。

（二）电流法（二）

做好假设编号后，将任意一相绕组接万用表毫安（或微安）挡，另选一相绕组，用该相绕组的两个引出线头分别碰触干电池的正、负极。若万用表指针正偏转，则接干电池的负极引出线头与万用表的红表笔为首(或尾)端,如图 3-34 所示。照此方法找出第三相绕组的首(或尾)端。

(三) 电压法

接线如图 3-35 所示。灯泡亮为两相首尾相连,灯泡不亮为首首或尾尾相连。为避免因接触不良造成误判别,当灯泡不亮时,最好对调引出线头的接线,重新测试一次,以灯泡亮为准来判别绕组的首尾端。

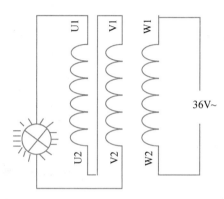

图 3-35　灯亮(导线连接两端为异名端)

四、实训注意事项

(1) 先用电阻挡找出属于同一个绕组,分别找出 3 个绕组,再通电测出首尾端,通电电压为交流 36 V。

(2) 通电以前先确定交流调压器手柄逆时针旋到底,保证电压的安全性。确认无误后,接通电源,调整手柄到合适位置。

(3) 由于电动机接线端子之间比较近,所以接线时注意接线端之间不能相碰,且接线要牢固。

(4) 万用表选到交流 200 V 挡位,以确定挡位是否正确。

习题三

一、选择题

1. 变压器的基本工作原理是_____。
   A. 楞次定律　　　　　　　　　　B. 电磁感应
   C. 电流的磁效应　　　　　　　　D. 磁路欧姆定律

2. 关于变压器的叙述错误的是_____。
   A. 变压器可进行电压变换　　　　B. 有的变压器可变换阻抗
   C. 有的变压器可变换电源相位　　D. 变压器可进行能量形式的转换

3. 变压器铁芯所用硅钢片是_____。
   A. 硬磁材料　　　　　　　　　　B. 软磁材料
   C. 顺磁材料　　　　　　　　　　D. 矩磁材料

4. 变压器铁芯采用硅钢片的目的是_____。
   A. 减小磁阻和铜损　　　　　　　B. 减小磁阻和铁损
   C. 减小涡流及磁滞　　　　　　　D. 减小磁滞和矫顽力

5. 变压器的额定容量是指变压器额定运行时_____。
   A. 输入的视在功率　　　　　　　B. 输出的视在功率
   C. 输入的有功功率　　　　　　　D. 输出的有功功率

6. 测定变压器的电压比应该在变压器处于_____情况下进行。
   A. 空载状态　　　　　　　　　　B. 轻载状态
   C. 满载状态　　　　　　　　　　D. 短路状态

7. 变压器外特性是指当一次绕组电压和负载的功率因数一定时,二次绕组端电压与_____的关系。
   A. 时间　　　B. 主磁通　　　C. 负载电流　　　D. 变压比

8. 变压器二次绕组电流增大时,一次绕组电流_____。
   A. 不变　　　　　　　　　　　　B. 减小
   C. 增大　　　　　　　　　　　　D. 也可增大,也可减小

9. 当变压器的铜损_____铁损时,变压器的效率最高。
   A. 小于　　　B. 等于　　　C. 大于　　　D. 正比于

10. 电力变压器的主要用途是_____。
    A. 变换阻抗　　B. 变换电压　　C. 改变相位　　D. 改变频率

11. 一台单相变压器 U_1 为 380 V,变压比为 10,则 U_2 为_____V。
    A. 380　　　B. 3 800　　　C. 10　　　D. 38

12. 一台单相变压器 I_2 为 20 A,N_1 为 200,N_2 为 20,则 I_1 为_____A。
    A. 2　　　B. 10　　　C. 20　　　D. 40

13. 为了提高中、小型电力变压器铁芯的导磁性能,减少铁损耗,其铁芯多采用_____制成。

    A. 0.3~0.35 mm 厚彼此绝缘的硅钢片叠装

    B. 整块钢材

    C. 2 mm 厚彼此绝缘的硅钢片叠装

    D. 0.5 mm 厚彼此不需绝缘的硅钢片叠装

14. 油浸式电力变压器中变压器油的作用是_____。

    A. 润滑和防氧化　　　　　　　　B. 绝缘和散热

    C. 阻燃和防爆　　　　　　　　　D. 灭弧和均压

15. 一次绕组和二次绕组共用一个绕组的变压器称为_____。

    A. 降压变压器　　　　　　　　　B. 升压变压器

    C. 电力变压器　　　　　　　　　D. 自耦变压器

16. 如果电流互感器的变流比为100/5,二次侧电流表的读数为 4 A,则被测电路的电流是_____。

    A. 80 A　　　B. 40 A　　　C. 20 A　　　D. 10 A

17. 一般电流互感器的额定电流为_____。

    A. 1 A　　　B. 5 A　　　C. 10 A　　　D. 15 A

18. 在测量电路中使用型号为 JDG-0.5 的电压互感器,如果其变压比为10,电压表读数为 45 V,则被测电路的电压为_____。

    A. 150 V　　　B. 250 V　　　C. 350 V　　　D. 450 V

19. 一般电压互感器二次侧额定电压都规定为_____。

    A. 200 V　　　B. 100 V　　　C. 50 V　　　D. 25 V

二、判断题

1. 变压器的种类按相数分为单相、三相和多相。　　　　　　　　　　　(　)
2. 变压器的种类按用途分为电力变压器和专用变压器。　　　　　　　　(　)
3. 变压器一次、二次绕组中的电流越大,铁芯中的主磁通越多。　　　　(　)
4. 变压器可以改变直流电。　　　　　　　　　　　　　　　　　　　　(　)
5. 变压器是一种将交流电压升高或降低并且能保持其频率不变的静止电气设备。(　)
6. 变压器既可以变换电压、电流、阻抗,又可以变换相位、频率和功率。(　)
7. 温升是指变压器在额定运行状态下允许升高的最高温度。　　　　　　(　)
8. 从导电角度出发,变压器铁芯也可以用铜片或铝片制作。　　　　　　(　)
9. 变压器的绕组也可用铁导线制作以降低成本。　　　　　　　　　　　(　)
10. 从节能角度出发,变压器的变比 K 取为1最好。　　　　　　　　　(　)
11. 变压器正常运行时,在电源电压一定的情况下,当负载增加时主磁通增加。(　)

12. 变压器的基本工作原理是电磁感应。　　　　　　　　　　　　　　（　　）
13. 电力系统中,主要使用的变压器是电力变压器。　　　　　　　　　（　　）
14. 将电网上的 10 kV 交流电压降为民用的 220 V 交流电压的变压器称为降压变压器。　　　　　　　　　　　　　　　　　　　　　　　　　　　　　（　　）
15. 单相变压器一次侧额定电压是指一次绕组所允许施加的最高电压,而二次侧额定电压则是指当一次组施加额定电压时,二次绕组的开路电压。　（　　）
16. 变压器在使用中,铁芯会逐渐氧化生锈,因此其空载电流也就相应逐渐减小。（　　）
17. 用于供给电力和照明混合负载的变压器的连接组别应是 Y,yn0。　（　　）
18. 要提高变压器的运行效率,不应使变压器在较低的负荷下运行。　（　　）
19. 变压器的额定容量,是指变压器额定运行时二次侧输出的有功功率。（　　）
20. 三相变压器铭牌上标注的额定电压是指一次、二次的线电压。　　（　　）
21. 电流互感器二次侧电路中应有熔断器。　　　　　　　　　　　　　（　　）
22. 当电网电压偏低时,三相电力变压器的分接开关应接在额定匝数为 95% 的位置。
　　　　　　　　　　　　　　　　　　　　　　　　　　　　　　　（　　）
23. 为了降低设备成本,低压照明变压器可采用自变压器的结构形式。（　　）
24. 当变压器二次侧电流增大时,一次侧电流也会相应增大。　　　　（　　）
25. 当变压器一次侧电流增大时,铁芯中的主磁通也会相应增加。　　（　　）
26. 电流互感器运行时,严禁二次侧开路。　　　　　　　　　　　　　（　　）
27. 电流互感器二次侧的额定电流通常为 5 A。　　　　　　　　　　　（　　）
28. 电压互感器在运行中,其二次绕组允许短路。　　　　　　　　　　（　　）
29. 使用中的电压互感器的铁芯和二次绕组的一端必须可靠接地。　　（　　）
30. 电压互感器的工作原理、结构与一般变压器不同。　　　　　　　（　　）
31. 电压互感器二次侧的额定电压规定为 100 V。　　　　　　　　　　（　　）
32. 一台 $S_N=100$ kV·A 的三相变压器,当负载的功率因数为 0.8 时,变压器输出的功率为 100 kW。　　　　　　　　　　　　　　　　　　　　　　　　（　　）

三、综合题

1. 额定电压 220 V/36 V 的单相变压器,如果不慎将低压端接到 220 V 的电源上,将产生什么后果?
2. 某低压照明变压器 $U_1=380$ V, $I_1=0.263$ A, $N_1=1\,010$ 匝, $N_2=103$ 匝,试求二次绕组对应的输出电压 U_2 及输出电流 I_2。该变压器能否给一个 60 W 且电压相当的低压照明灯供电?
3. 有一台单相照明变压器,容量为 2 kV·A,电压为 380 V/36 V,现在低压侧接上 $U=36$ V, $P=40$ W 的白炽灯,使变压器在额定状态下工作,问能接多少盏?此时的 I_1 及 I_2 各为多少?

4. 某台变压器 $U_1=220$ V,$U_2=36$ V,若在一次绕组加上 220 V 交流电压,则在二次绕组可得到 36 V 的输出电压。反之,若在二次绕组加上 36 V 交流电压,问在一次绕组可否得到 220 V 的输出电压? 为什么?

5. 电压比为 220 V/24 V 的电源变压器,如接在 110 V 的电网上,输出电压为多少?

6. 电力变压器的电压变化率 $\Delta U=5\%$,要求该变压器在额定负载下输出的相电压为 $U_2=220$ V,求该变压器次绕组的额定相电压 U_{2N}。

习题三 参考答案

一、选择题

1. B 2. D 3. B 4. C 5. B 6. A 7. C 8. C 9. B 10. B 11. A 12. A 13. A 14. B 15. D 16. A 17. B 18. D 19. B

二、判断题

1. √ 2. √ 3. × 4. × 5. √ 6. × 7. √ 8. × 9. × 10. × 11. × 12. √ 13. √ 14. √ 15. √ 16. × 17. √ 18. √ 19. × 20. √ 21. × 22. √ 23. × 24. √ 25. × 26. √ 27. √ 28. × 29. √ 30. × 31. √ 32. ×

三、综合题

略。

04

模块四

电气控制线路的安装实训

项目一 常用低压电器的使用和选择

一、实训目的

(1) 认识常用低压电器的外形,并学会选用。
(2) 学会常用低压电器元件的使用和操作,并认识图形符号、文字符号。
(3) 能熟练常用低压电器元件的拆装、检测、校验及维修方法。

二、实训器材

实训器材包括:主令电器(按钮开关、行程开关、接近开关)、开关电器、熔断器、交流接触器、热继电器、时间继电器、速度继电器、中间继电器、数字万用表、尖嘴钳、螺丝刀。

三、实训内容及步骤

(一) 主令电器

主令电器在控制电路中以开关接点的通断形式来发布控制命令,使控制电路执行对应的控制任务。常见的有按钮开关、行程开关、接近开关等。

1. 按钮开关

常见的按钮开关如图 4-1 所示。按钮的结构图和图形符号如图 4-2、图 4-3 所示。

图 4-1 常见的按钮开关

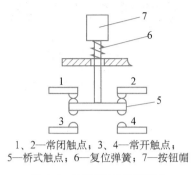

1、2—常闭触点；3、4—常开触点；
5—桥式触点；6—复位弹簧；7—按钮帽

图 4-2 按钮开关结构示意图

(a) 常开触点　(b) 常闭触点　(c) 复合触点

图 4-3 按钮开关的图形和文字符号

(1) 按钮开关的选择原则：应根据使用场合、用途、控制需要及工作状况等选择按钮开关。

① 根据使用场合选择控制按钮开关的种类，如开启式、防水式、防腐式等。

② 根据用途选用合适的型式，如钥匙式、紧急式、带灯式等。

③ 按控制回路的需要确定不同的按钮数，如单钮、双钮、三钮、多钮等。

④ 按工作状态指示和工作情况的要求，选择按钮开关及指示灯的颜色。

(2) 按钮开关的安装与使用。

① 将按钮开关安装在面板上时，应布置整齐，排列合理，可根据电动机启动的先后次序，从上到下或从左到右排列。

② 按钮开关的安装固定应牢固，接线应可靠。应用红色按钮表示停止，绿色或黑色表示启动或通电。

③ 由于触头间距离较小，如有油污等容易发生短路故障，因此应保持触头的清洁。

④ 安装按钮开关的按钮板和按钮盒必须是金属的，并设法使它们与机床总接地母线相连接，对于悬挂式按钮必须设专用接地线，不得借用金属管作为地线。

⑤ 按钮开关用于高温场合时，易使塑料变形老化而导致松动，引起接线螺钉间相碰短路，可在接线螺钉处加套绝缘塑料管来防止短路。

⑥ 带指示灯的按钮因灯泡发热，长期使用易使塑料灯罩变形，应降低灯泡电压，延长使用寿命。

⑦ "停止"按钮必须是红色；"急停"按钮必须是红色蘑菇头式；"启动"按钮必须有防护挡圈，防护挡圈应高于按钮头，以防意外触动使电气设备。

(3) 按钮开关的常见故障及处理方法，如表 4-1 所示。

表 4-1 按钮开关的常见故障及处理方法

故障现象	产生原因	处理方法
按下启动按钮时有触电感觉	① 按钮的防护金属外壳与连接导线接触 ② 按钮帽的缝隙间充满铁屑，使其与导电部分形成通路	① 检查按钮内连接导线 ② 清理按钮及触点

(续表)

故障现象	产生原因	处理方法
按下启动按钮,不能接通电路,控制失灵	① 接线头脱落 ② 触点磨损松动,接触不良 ③ 动触点弹簧失效,使触点接触不良	① 检查启动按钮连接线 ② 检修触点或调换按钮 ③ 重绕弹簧或调换按钮
按下停止按钮,不能断开电路	① 接线错误 ② 尘埃或机油、乳化液等流入按钮形成短路 ③ 绝缘击穿短路	① 更改接线 ② 清扫按钮并采取相应密封措施 ③ 调换按钮

2. 行程开关

行程开关是一种利用生产机械的某些运动部件到达一个预定位置时的碰撞来发出控制指令的主令电器,用于控制生产机械的运动方向、行程大小和位置保护等。当行程开关用于位置保护时,又称限位开关。

常见行程开关的外形如图4-4所示。

(a) 按钮式　　　　　(b) 单轮旋转式　　　　　(c) 双轮旋转式

图4-4　常见行程开关的外形

行程开关的图形符号和文字符号如图4-5所示。

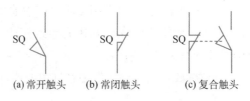

(a) 常开触头　　(b) 常闭触头　　(c) 复合触头

图4-5　行程开关的图形和文字符号

(1) 行程开关的选择原则:选用行程开关时,应根据不同的使用场合,满足额定电压、额定电流、复位方式和触点数量等方面的要求。

① 根据应用场合及控制对象来选择使用一般用途行程开关还是起重设备用行程开关。

② 根据安装环境来选择行程开关的防护形式(开启式或密闭式)。

③ 根据控制回路的电压和电流大小来选择采用何种系列的行程开关。

④ 根据机械设备与行程开关的传动力形式与位移关系来选择合适的操作头。

(2) 行程开关的安装与使用。

① 行程开关安装的位置要准确,否则不能达到行程控制和限位控制的目的。

② 应定期清洁行程开关,以免其触点接触不良而达不到行程和限位控制的目的。

(3) 行程开关常见故障及处理方法,如表4-2所示。

表4-2 行程开关的常见故障及处理方法

故障现象	产生原因	处理方法
挡铁碰撞行程开关而其触头不动作	① 安装位置不正确 ② 触头接触不良 ③ 触头弹簧失效,使触点接触不良	① 调整安装位置 ② 清刷触头或紧固接线 ③ 更换弹簧
行程开关复位但动断触点不能闭合	① 触头偏斜或动触点脱落 ② 触杆被杂物卡住 ③ 弹簧弹力减退或被卡住	① 调整触头 ② 取出杂物 ③ 更换弹簧
行程开关的杠杆已偏转但其触点不动	① 行程开关安装太低 ② 触头因机械卡住而不能动作	① 调整安装位置 ② 清刷触头内部杂物

3. 接近开关

为了克服有触点的行程开关可靠性较差、使用寿命短和操作频率低的缺点,可以采用无触点式行程开关,也叫电子接近开关。接近开关外形结构多种多样,如图4-6所示,电子电路装调后用环氧树脂密封,具有良好的防潮防腐性能。它能无接触又无压力地发出检测信号,具有灵敏度高、频率响应快、重复定位精度高、工作稳定可靠、使用寿命长等优点。

(a) 电感式接近开关

(b) 电容式接近开关

图4-6 接近开关实物图

(二) 开关电器

1. 刀开关

刀开关又称闸刀开关,是一种手动配电电器。刀开关主要用来隔离电源,用在不频繁接通和分断电路的场合。刀开关有胶底瓷盖刀开关和铁壳开关,如图4-7所示。

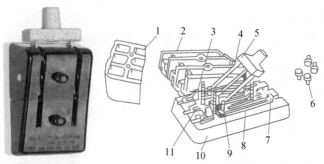

1—上胶盖；2—下胶盖；3—插座；4—触刀；5—瓷柄；6—胶盖紧固螺钉；
7—出线座；8—熔丝；9—触刀座；10—瓷底座；11—进线座

图 4-7　胶底瓷盖刀开关结构图

铁壳开关外形与结构如图 4-8 所示。

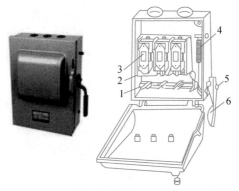

1—刀式触头；2—夹座；3—熔断器；
4—速断弹簧；5—转轴；6—手柄

图 4-8　铁壳开关外形与结构图

（1）刀开关的图形和文字符号，如图 4-9 和图 4-10 所示。

(a) 单极　　　　(b) 双极　　　　(c) 三极

图 4-9　刀开关图形和文字符号

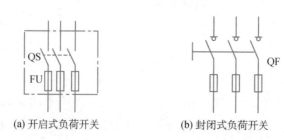

(a) 开启式负荷开关　　　　(b) 封闭式负荷开关

图 4-10　开启式、封闭式负荷开关图形和文字符号

(2) 刀开关的选择原则。

① 刀开关的额定工作电压应大于或等于线路工作电压。

② 刀开关的额定电流应大于或等于线路额定电流。

③ 根据控制对象的类型及刀开关的极数、操作方式进行选择。

(3) 刀开关的安装与使用。

① 安装刀开关时,手柄要向上,不得倒装或平装,避免由于重力自动下落,引起误动合闸。

② 刀开关在接线时,应将电源线接在上端,负载线接在下端,这样断开后,刀开关的触刀与电源隔离,既便于更换熔丝,又能防止发生意外事故。

③ 更换熔丝必须先拉开闸刀,并换上与原用熔丝规格相同的新熔丝,同时还要防止新熔丝受到机械损伤。

④ 若胶盖和瓷底座损坏或胶盖失落,刀开关就不可再使用,以防止发生事故。

(4) 刀开关常见故障及处理方法,如表4-3所示。

表4-3 刀开关的常见故障及处理方法

故障现象	产生原因	处理方法
合闸后一相或两相没电	① 插座弹性消失或开口过大 ② 熔丝熔断或接触不良 ③ 插座、触刀氧化或有污垢 ④ 电源进线或出线头氧化	① 更换插座 ② 更换熔丝 ③ 清洁插座或触刀 ④ 检查进出线头
触刀和插座过热或烧坏	① 开关容量太小 ② 分、合闸时动作太慢造成电弧过大,烧坏触点 ③ 夹座表面烧黑 ④ 触刀与插座压力不足 ⑤ 负载过大	① 更换较大容量的开关 ② 改进操作方法 ③ 用细锉刀修整 ④ 调整插座压力 ⑤ 减轻负载或调换较大容量的开关
封闭式负荷开关的操作手柄带电	① 外壳接地线接触不良 ② 电源线绝缘损坏碰壳	① 检查接地线 ② 更换导线

2. 转换开关

转换开关又称为组合开关。转换开关实质上是一种特殊刀开关。一般刀开关的操作手柄在垂直安装面的平面内向上或向下转动,而组合开关的操作手柄则在平行于安装面的平面内向左或向右转动。这种开关多用在机床电气控制线路中,作为电源的引入开关,也可以用作不频繁地接通和断开电路、换接电源和负载,以及控制5.5 kW以下的小容量电动机的正反转和星三角启动等。

(1) 转换开关的外形及结构,如图4-11所示。

(2) 转换开关的图形和文字符号,如图4-12所示。

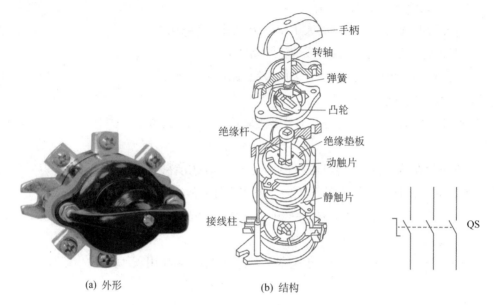

(a) 外形　　(b) 结构

图 4-11　转换开关的外形及结构

图 4-12　转换开关的图形和文字符号

(3) 转换开关的选择原则。

① 对于照明或电阻性负载电路,组合开关的额定电流应大于或等于被控制电路中各负载的额定电流之和。

② 对于电动机电路,组合开关的额定电流一般取电动机额定电流的 1.5~2.5 倍。

(4) 转换开关的安装与使用。

① 由于转换开关的通断能力较低,故不能用来分断故障电流。当它用于控制电动机作可逆运转时,必须在电动机完全停止转动后,才允许其反向接通。

② 当操作频率较高或负载功率因数较低时,转换开关要降低容量使用,否则会影响开关的寿命。

(5) 转换开关常见故障及处理方法,如表 4-4 所示。

表 4-4　转换开关的常见故障及处理方法

故障现象	产生原因	处理方法
手柄转动 90° 而内部触点未动	① 手柄上的三角形或半圆形口磨成了圆形 ② 操作机构损坏 ③ 绝缘杆由方形磨成了圆形 ④ 转轴与绝缘杆装配不紧	① 更换手柄 ② 修理、更换操作机构 ③ 更换绝缘杆 ④ 紧固松动部件
手柄转动 90°,3 个静触点和动触点不能同时接通或断开	① 开关型号不对 ② 修理后,触点的装配位置不正确 ③ 触点失去弹性或有油污	① 更换为合适的型号 ② 重新装配 ③ 更换触头、清理油污

(续表)

故障现象	产生原因	处理方法
开关接线柱间短路	一般是由于长期不清扫,使铁屑或油污附在接线柱间形成导电层,将胶木烧焦,破坏绝缘而形成短路	更换开关、清扫杂物

3. 自动空气断路器

自动空气断路器过去称为自动开关(或称低压断路器),按结构和性能不同,可分为框架式、塑料外壳式和漏电保护式3类。它是一种既能当开关用,又具有电路自动保护功能的低压电器,可用于电动机或其他用电设备做不频繁通断操作和线路转换。当电路发生过载、短路、欠电压等故障时,它能自动切断与其串联的电路,从而有效地保护故障电路中的用电设备。由于断路器具有操作安全、动作电流可调整、分断能力较强等优点,因而在各种电气控制系统中得到了广泛的应用。

(1) 常见自动空气断路器的外形及结构,如图4-13和图4-14所示。

(a) DZ系列自动空气断路器

(b) DW15系列万能式断路器

(c) DW16系列万能式断路器

图4-13　DZ、DW15系列断路器外形及DW16断路器结构

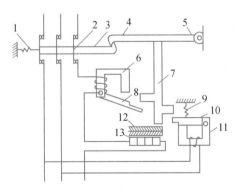

1、9—弹簧；2—3对主触点；3—锁键；4—搭钩；5—轴；6—电磁脱扣器；
7—杠杆；8、10—衔铁；11—欠电压脱扣器；12—双金属片；13—发热元件

图4-14　自动空气断路器结构示意图

在图4-14中,2是自动空气断路器的3对主触点,它们与被保护的三相主电路串联。

手动闭合电路后，其主触点经过锁键 3 钩住搭钩 4，克服弹簧 1 的拉力，保持闭合状态，搭钩 4 可绕轴 5 转动。当被保护的主电路正常工作时，电磁脱扣器 6 中的线圈所产生的电磁吸合力不足以将衔铁 8 吸合；当被保护的主电路发生短路而产生较大电流时，电磁脱扣器 6 中的线圈所产生电磁吸合力随之增大，直至将衔铁 8 吸合，并推动杠杆 7，将搭钩 4 顶离。在弹簧 1 的作用下，主触点断开，切断主电路起到保护作用。当电路电压严重下降或消失时，欠电压脱扣器 11 产生的吸力减少或失去吸力，衔铁 10 被弹簧 9 拉开，推动杠杆 7，将搭钩 4 顶开，从而断开了主触点，切断主电路起到保护作用。当电路发生过载时，过载电流会流过发热元件 13，使双金属片 12 受热而向上弯曲，推动杠杆 7，断开主触点，切断主电路起到保护作用。

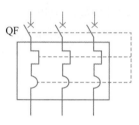

图 4-15 自动空气断路器的图形和文字符号

（2）自动空气断路器的电气符号：自动空气断路器的图形符号和文字符号如图 4-15 所示。

（3）自动空气断路器的选择原则。

选择空气断路器的原则如下六方面。

① 断路器的额定电压应大于或等于被保护线路的额定电压。

② 断路器的额定电流应大于或等于被保护线路计算负荷电流。

③ 断路器的额定通断能力应大于或等于被保护线路中可能出现的最大短路电流，一般按有效值计算。

④ 线路末端单相对地短路电流应大于或等于 1.25 倍的断路器瞬时（或短延时）脱扣器整定电流（额定电流是额定工作时的电流值，而整定电流是断路器跳闸时的电流值，它是根据电路、电网承受能力计算出来的人为规定的值）。

⑤ 断路器欠电压脱扣器的额定电压应等于被保护线路的额定电压。

⑥ 断路器分励脱扣器的额定电压应等于控制电源的额定电压。

选择用于保护电动机的断路器的原则如下三方面。

① 断路器的长延时整定电流值应等于电动机的额定电流。

② 当用于保护笼型异步电动机时，断路器的整定电流瞬时值应等于 K_f 与电动机的额定电流的乘积，系数 K_f 与电动机的型号、容量和启动方式有关，大小约在 8～15 之间。

③ 当用于保护绕线转子异步电动机时，断路器的整定电流瞬时值应等于 K_f 与电动机的额定电流的乘积，系数 K_f 大小约在 3～6 之间。

（4）自动空气断路器的安装与使用。

① 在安装前，应将断路器脱扣器的电磁铁工作面上的防锈油脂抹净，以免影响电磁机构的动作。

② 当断路器与熔断器配合使用时，熔断器应尽可能装在断路器之前，以保证断路器使用安全。

③ 电磁脱扣器的整定值一经调好就不允许随意更动，使用一段时间后要检查其弹簧是

否生锈卡住，以免影响其动作。

④ 在断路器分断短路电流后，应在切除上一级电源的情况下及时检查触点，若发现有严重的电灼痕迹，可用干布擦去；若发现触点烧毛，可用砂纸或细锉小心修整，但主触点一般不允许用锉刀修整。

⑤ 应定期清除断路器上的积尘并检查各种脱扣器的动作值，操作机构在使用一段时间（1~2年）后，应在传动机构部分加润滑油（小容量塑壳式断路器不需要）。

⑥ 在灭弧室分断短路电流或较长时间的使用后，应清除灭弧室内壁和栅片上的金属颗粒与黑烟灰，如果灭弧室已破损，则绝不能继续使用。

（5）自动空气断路器常见故障及处理方法，如表4-5所示。

表4-5 自动空气断路器常见故障及处理方法

故障现象	产生原因	处理方法
手动操作，断路器不能闭合	① 电源电压太低 ② 热脱扣的双金属片尚未冷却复原 ③ 欠电压脱扣器无电压或线圈损坏 ④ 储能弹簧变形，导致闭合力减小 ⑤ 反作用弹簧力过大	① 检查线路并调高电源电压 ② 待双金属片冷却后再合闸 ③ 检查线路，施加电压或调换线圈 ④ 调换储能弹簧 ⑤ 重新调整反作用力弹簧
电动操作，断路器不能闭合	① 电源电压不符 ② 电源容量不够 ③ 电磁铁拉杆行程不够 ④ 电动机操作定位开关变位	① 调换电源 ② 增大操作电源容量 ③ 调整或调换拉杆 ④ 调整定位开关
电动机启动时，断路器立即分断	① 过电流脱扣器瞬时整定值太小 ② 脱扣器某些零部件损坏 ③ 脱扣器反力弹簧断裂或落下	① 调整瞬间整定值 ② 调换脱扣器或损坏的零部件 ③ 调换弹簧或重新装好弹簧
分离脱扣器不能使断路器分断	① 线圈短路 ② 电源电压太低	① 调换线圈 ② 检修线路调整电源电压
欠电压脱扣器噪声大	① 反作用弹簧弹力太大 ② 铁芯工作面有油污 ③ 短路环断裂	① 调整反作用弹簧 ② 清除油污 ③ 调换铁芯
欠电压脱扣器不能使断路器分断	① 反作用弹簧弹力变小 ② 储能弹簧断裂或弹簧力变小 ③ 机构生锈卡死	① 调整弹簧 ② 调换或调整储能弹簧 ③ 清除锈污

（三）熔断器

熔断器是在低压配电网络和电力拖动系统中主要用作短路保护的电器，使用时串联在被保护的电路中。当电路发生短路故障，通过熔断器的电流达到或超过某一规定值时，其自身产生的热量使熔体熔断，从而自动分断电路，起到保护作用。它具有结构简单、价格便宜、动作可靠、使用维护方便等优点，因此得到广泛应用。

（1）熔断器的外形及结构：主要由熔体、安装熔体的熔管和熔座三部分组成。熔体按材料不同分为两种:一种由铅、铅锡合金或锌等低熔点材料制成,装这种熔体的熔断器多用于小电流电路;另一种由银、铜等较高熔点的金属制成,装这种熔体的熔断器多用于大电流电路。

熔断器按结构形式不同可分为半封闭插入式熔断器、无填料封闭管式熔断器、有填料封闭管式熔断器和快速熔断器。

① RC1A 系列瓷插式熔断器由动触点、熔丝、瓷盖、静触点和瓷座 5 部分组成,主要用在交流频率 50 Hz、额定电压 380 V 及以下、额定电流 200 A 及以下的低压线路的末端或分支电路中,作为电气设备的短路保护及一定程度的过载保护。其实物及结构如图 4-16 所示。

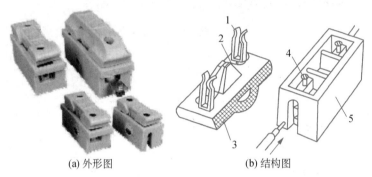

(a) 外形图　　(b) 结构图

1—动触点;2—熔丝;3—瓷盖;
4—静触点;5—瓷座

图 4-16　RC1A 系列瓷插式熔断器

② RL1 系列螺旋式熔断器属于有填料封闭管式熔断器。其实物及结构如图 4-17 所示。

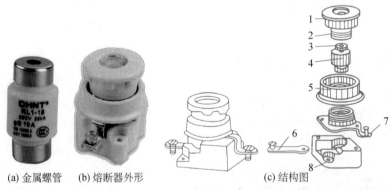

(a) 金属螺管　(b) 熔断器外形　　(c) 结构图

1—瓷帽;2—金属螺管;3—指示器;4—熔管;
5—瓷套;6—下接线端;7—上接线端;8—瓷座

图 4-17　RL1 系列螺旋式熔断器

③ 其他常见的熔断器还有 RM10 系列无填料密封管式熔断器、RT0 系列有填料密封管式熔断器和快速熔断器。

RM10 系列无填料密封管式熔断器如图 4-18 所示。RT0 系列有填料密封管式熔断器如图 4-19 所示。它们适用于交流频率 50 Hz、额定电压 380 V 或直流 440 V 及以下电压等级的动力网络和成套配电设备中，可作为导线、电缆及较大容量电气设备的短路和连续过载保护。

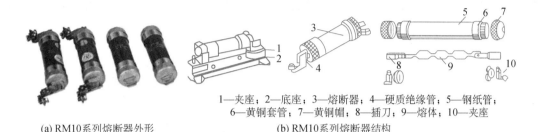

1—夹座；2—底座；3—熔断器；4—硬质绝缘管；5—钢纸管；
6—黄铜套管；7—黄铜帽；8—插刀；9—熔体；10—夹座

图 4-18　RM10 系列无填料密封管式熔断器

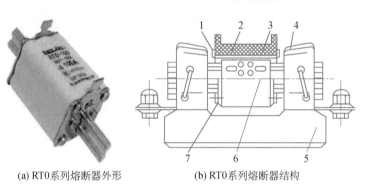

1—熔断指示器；2—石英沙填料；3—指示器熔丝；
4—插刀；5—底座；6—熔体；7—熔管

图 4-19　RT0 系列有填料密封管式熔断器

（2）熔断器图形和文字符号如图 4-20 所示。

（3）熔断器类型的选择原则。

① 应根据使用场合选择熔断器的类型。电网配电线路一般用管式熔断器；电动机保护线路一般用螺旋式熔断器；照明线路一般用瓷插式熔断器；晶闸管线路则应选用快速熔断器。

图 4-20　熔断器的图形和文字符号

② 熔断器的额定电压应大于或等于电路的工作电压。

③ 熔断器的额定电流应大于或等于电路的负载电流。

④ 电路上、下两级都设有熔断器保护时，上、下两级熔体额定电流大小的比值应不小于 1.6。

（4）熔断器参数的选择原则。

① 对于电阻性负载（如电炉、照明电路），熔断器可做过载和短路保护，熔体的额定电流应大于或等于负载的额定电流。

② 对于电感性负载的电动机电路，熔断器只宜做短路保护而不宜做过载保护。

③ 对于单台电动机电路，熔断器熔体的额定电流 I_{RN} 应不小于电动机的额定电流 I_N

的 1.5~2.5 倍,即 $I_{RN} \geq (1.5 \sim 2.5) I_N$。电动机轻载启动或启动时间较短时,系数可取在 1.5 附近;带负载启动、启动时间较长或启动较频繁时,系数可取在 2.5 附近。

④ 对于多台电动机电路,熔断器熔体的额定电流 I_{RN} 应不小于容量最大的一台电动机的额定电流(I_{max})的 1.5~2.5 倍,然后加上其余同时使用的电动机的额定电流之和 ($\sum I_N$),即 $I_{RN} \geq (1.5 \sim 2.5) I_{max} + \sum I_N$。

(5) 熔断器的安装与使用。

① 熔断器安装前,应检查是否完好无损,是否有额定电流、额定电压标示,安装时应保证熔体与夹头、夹座接触良好。

② 熔断器内要安装合格的熔体,不能用多根小规格熔体代替一根大规格熔体。

③ 熔丝应在螺栓上沿顺时针方向缠绕,压在垫圈下,拧紧螺钉的力应适当,以保证接触良好,同时注意不能损伤熔丝,以免减小熔体截面积,产生局部发热而出现误动作。

④ 安装插入式熔断器时,应注意垂直安装,螺旋式熔断器的电源线应接在瓷底座的下接线座上,负载线应接在螺纹壳的上接线座上。这样在更换熔断管时,旋出螺帽后螺纹壳上不带电,可以保证操作者的安全。

⑤ 安装螺旋式熔断器时,必须注意将电源线接到瓷底座的下接线端。

⑥ 安装瓷插式熔断器的熔丝时,熔丝应顺着螺钉旋紧方向绕过去,同时应注意不要划伤熔丝,也不要把熔丝绷紧,以免减小熔丝截面积或扯断熔丝。

⑦ 更换熔体时必须切断电源,并换上相同额定电流的熔体,不能随意更改熔体规格。

⑧ 熔断器兼做隔离器件使用时应安装在控制开关的电源进线端;若仅作短路保护用,应安装在控制开关的出线端。

(6) 熔断器常见故障及处理方法如表 4-6 所示。

表 4-6 熔断器的常见故障及处理方法

故障现象	产生原因	处理方法
电动机启动瞬间熔体即熔断	① 熔体规格选择太小。 ② 负载侧短路或接地。 ③ 熔体安装时损伤	① 调换适当的熔体。 ② 检查短路或接地故障。 ③ 调换熔体
熔丝未熔断但电路不通	① 熔体两端或接线端接触不良。 ② 熔断器的螺帽盖未旋紧	① 清扫并旋紧接线端。 ② 旋紧螺帽盖

(四)接触器

当电动机功率稍大或频繁启动时,使用手动开关控制既不安全,又不方便,更无法实现远距离操作和自动控制,此时就需要用自动电器来替代普通的手动开关。接触器是一种用来频繁接通或分断交、直流主电路及大容量控制电路的自动切换电器,主要用于控制电动机、电热设备、电焊机和电容器组等,具有操作频率高、使用寿命长、工作可靠、性能稳定、维护方便等优点,是电力拖动自动控制系统中应用最广泛的电器元件之一。按控制电流性质不同,接触器分为交流接触器和直流接触器两大类。

1. 交流接触器

交流接触器常用于远距离、频繁地接通和分断额定电压至 1 140 V、电流至 630 A 的交流电路。

(1) 交流接触器的外形、结构及工作原理:目前常用的交流接触器有 CJ0、CJ10 和 CJ20 等系列以及从国外引进的 3TB 系列、3TH 系列等,其外形如图 4-21 所示。

(a) CJ0 系列　　(b) CJ10 系列　　(c) CJ20 系列　　(d) CJ40 系列

(e) CJX2 系列　　(f) 3TB 系列　　(g) 3TB 系列　　(h) 3TH 系列

图 4-21　交流接触器外形

交流接触器主要由电磁系统、触头系统、灭弧装置及辅助部件等构成。CJ20 型交流接触器的结构如图 4-22(a)所示。

① 电磁系统:电磁系统由线圈、动铁芯(衔铁)和静铁芯组成。

② 触头系统:交流接触器的触头系统包括主触头和辅助触头。主触头用于通断主电路,有 3 对或 4 对常开触头;辅助触头用于控制电路,起电气联锁或控制作用,通常有两对常开、两对常闭触头。

③ 灭弧装置:容量在 10 A 以上的接触器都有灭弧装置。对于小容量的接触器,常采用双断口桥形触头以利于灭弧;对于大容量的接触器,常采用纵缝灭弧罩及栅片灭弧结构。

④ 辅助部件:包括反作用弹簧、缓冲弹簧、触头压力弹簧、传动机构及外壳等。

CJ10 和 20 型交流接触器的工作原理如图 4-22(b)所示。当线圈得电时,线圈中电流产生的磁场会使铁芯产生电磁吸力而将衔铁吸合,衔铁带动动触点动作,使动断触点断开,动合触点闭合;当线圈失电时,电磁吸力消失,衔铁在反作用弹簧的作用下释放,各触点随之复位。

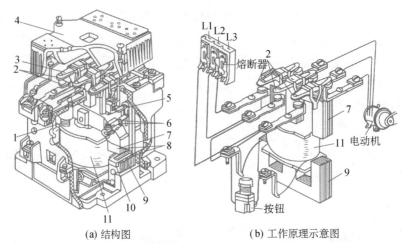

(a) 结构图　　　　(b) 工作原理示意图

1—反作用弹簧；2—主触点；3—触点压力弹簧；4—灭弧罩；5—辅助动断触点；
6—辅助动合触点；7—动铁芯；8—缓冲弹簧；9—静铁芯；10—短路环；11—线圈

图 4-22　CJ10-20 型交流接触器的结构及工作原理

（2）交流接触器的电气符号：交流接触器的图形符号及文字符号如图 4-23 所示。

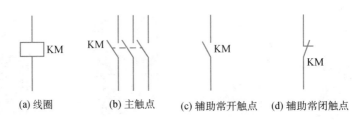

(a) 线圈　　　(b) 主触点　　(c) 辅助常开触点　　(d) 辅助常闭触点

图 4-23　交流接触器的图形和文字符号

（3）交流接触器的选择原则。

① 依据负载电流的性质选择接触器的类型，即直流负载选用直流接触器，交流负载选用交流接触器。

② 选择接触器主触头的额定电压，额定电压应大于或等于所控制线路的额定电压。

③ 选择接触器主触头的额定电流，额定电流应大于或等于负载的额定电流。

④ 选择接触器吸引线圈的额定电压，如果控制线路简单，可直接选用 380 V 或 220 V 的电压；如果线路较复杂，可选用 36 V 或 110 V 电压的线圈。

⑤ 选择接触器触头的数量和种类，接触器的触头数量和种类应满足控制线路的要求。

（4）交流接触器的安装与使用。

① 安装前应先检查线圈的技术数据（额定电压等）是否与实际相符，接触器外观是否有机械外伤，操作是否灵活，灭弧罩是否完整无损并固定牢靠。然后，用汽油擦净铁芯极面上的防锈油脂或黏结在极面上的锈垢，以免多次使用后铁芯被油垢粘住，造成接触器断电时不能释放。最后，测量接触器的绝缘电阻、线圈电阻。

② 接触器一般应垂直安装，如有倾斜，其倾斜角也不得超过 5°，否则会影响接触器的动

作特性。安装有散热孔的接触器时,应将散热孔放在上下位置处,以利于散热从而降低线圈的温度。

③ 在安装接触器与接线时,应注意不要把零件遗落或掉入接触器内,以免引起卡阻而烧毁线圈。安装孔的螺钉须装有弹簧垫圈和平垫圈,并拧紧螺钉,以防振动松脱。

④ 接触器的触点应定期清扫并保持整洁,不允许涂油。当触点表面因电弧作用形成金属小珠时,应及时予以清除。若是银及银合金触点表面产生的氧化膜,由于其接触电阻很小,可不必锉修。

(5) 交流接触器常见故障及处理方法如表 4-7 所示。

表 4-7 交流接触器的常见故障及处理方法

故障现象	产生原因	处理方法
接触器不吸合	① 接触器线圈断线 ② 电源电压过低 ③ 线圈额定电压低于电源电压 ④ 铁芯机械卡阻	① 更换线圈 ② 检查线路并提高电源电压 ③ 更换线圈 ④ 取出杂物
接触器线圈失电,铁芯不释放	① 铁芯极面有油污或尘埃 ② 接触器主触点发生熔焊 ③ 反作用弹簧损坏	① 清理油污或尘埃 ② 更换主触点 ③ 更换反作用弹簧
接触器主触点熔焊	① 操作频率过快 ② 长期过负载使用 ③ 触点弹簧压力过小 ④ 触点表面有突起的金属颗粒	① 调换合适的接触器 ② 更换触点弹簧 ③ 清理金属颗粒
接触器的电磁铁铁芯噪声过大	① 发生卡阻或衔铁歪斜 ② 铁芯短路环断裂 ③ 触点弹簧压力过大 ④ 铁芯极面有油污	① 清理杂物或调整衔铁位置 ② 调换铁芯或更换短路环 ③ 调整触点弹簧压力或更换弹簧 ④ 清除油污
接触器线圈过热或烧毁	① 电源电压过高或过低 ② 操作频率过快 ③ 线圈匝间短路	① 检查线路并降低或提高电源电压 ② 调换合适的接触器 ③ 更换线圈并找出故障原因

(五) 继电器

继电器在控制和保护电路中做信号转换用。它具有输入电路(又称感应元件)和输出电路(又称执行元件)。当感应元件中的输入量(电流、电压、温度、压力等)变化到某一定值时继电器动作,执行元件便接通和断开控制电路。

控制继电器种类繁多,常用的有电流继电器、电压继电器、中间继电器、时间继电器、热继电器,以及温度、压力、计数、频率继电器等。

电压、电流和中间继电器属于电磁式继电器,其结构、工作原理与接触器相似,由电磁系统、触头系统和释放弹簧等组成。由于继电器用于控制电路,流过触头的电流小,所以不需要灭弧装置。

继电器可以按不同方式分类：

① 按输入信号可分为：电压继电器、电流继电器、功率继电器、速度继电器、压力继电器、温度继电器等。

② 按工作原理可分为：电磁式继电器、感应式继电器、电动式继电器、电子式继电器，热继电器等。

③ 按输出形式可分为：有触点继电器和无触点继电器。

1. 电流、电压继电器

根据输入电流的大小决定是否动作的继电器称为电流继电器。电流继电器的线圈串接在被测电路中以反应电流的变化，其触点接在控制电路中，用于控制接触器线圈或信号指示灯的通断。为了不影响被测电路正常工作，电流继电器线圈阻抗应比被测电路的等效阻抗小得多，因此，电流继电器的线圈匝数少、导线粗。

电流继电器按用途可分为过电流继电器和欠电流继电器。过电流继电器的任务是当电路发生短路及过电流故障时立即切断电路。因此，过电流继电器线圈中通过的电流小于其整定电流时，继电器不动作，只有超过它的整定电流时，继电器才动作。过电流继电器的动作电流整定范围：交流过流继电器为$(110\%\sim350\%)I_N$，直流过流继电器为$(70\%\sim300\%)I_N$。欠电流继电器的任务是当电路电流过低时立即切断电路。因此，欠电流继电器线圈中通过的电流大于或等于其整定电流时，继电器吸合，只有电流低于其整定电流时，继电器才动作。欠电流继电器动作电流整定范围：吸合电流为$(30\%\sim50\%)I_N$，动作电流为$(10\%\sim20\%)I_N$，欠电流继电器一般是自动复位的。

电压继电器是根据输入电压的大小决定是否动作的继电器，其结构与电流继电器相似，不同的是电压继电器的线圈与被测电路并联，以反应电压的变化。因此，它的线圈匝数多、导线细、电阻大。电压继电器可分为过电压继电器和欠电压继电器。过电压继电器动作电压整定范围为$(105\%\sim120\%)U_N$。欠电压继电器吸合电压调整范围为$(30\%\sim50\%)U_N$，动作电压调整范围为$(7\%\sim20\%)U_N$。下面以过电流继电器为例来介绍电流、电压继电器的结构、工作原理和技术参数等。

(1) 电流继电器的外形、结构及工作原理：JL12、JL14系列过电流继电器的外形及结构如图4-24所示。

当过电流继电器的线圈中通过的电流为额定值时，它所产生的电磁吸力不足以克服反作用弹簧的反作用力，此时衔铁不动作；当其线圈通过的电流超过整定值时，电磁吸力大于弹簧的反作用力，铁芯吸引衔铁动作，带动动断触点断开，动合触点闭合。通过调整反作用弹簧的作用力，可整定继电器的动作电流值。该系列中有的过电流继电器带有手动复位机构，这类继电器过电流动作后，当电流再减小甚至减小到零时，衔铁也不能自动复位，只有当操作人员检查并排除故障后，手动松掉锁扣机构，衔铁才能在复位弹簧作用下返回，从而避免重复过电流事故发生。

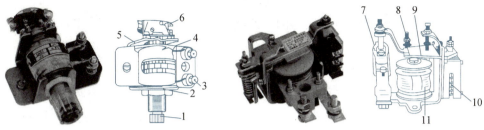

(a) JL12 系列过电流继电器外形与结构图　　(b) JL14 系列过电流继电器外形与结构图

1—封帽；2—紧固螺母；3—接线座；4—线圈；5—磁芯；6—微动开关；
7—触点；8—静铁芯；9—衔铁；10—反作用弹簧；11—线圈

图 4-24　过电流继电器外形与结构

电压继电器的结构、工作原理与电流继电器类似，不再重复介绍。

（2）电流、电压继电器的图形及文字符号如图 4-25 所示。

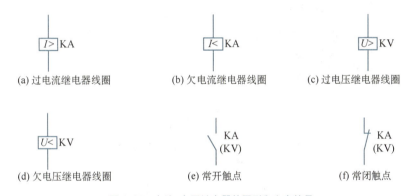

(a) 过电流继电器线圈　　(b) 欠电流继电器线圈　　(c) 过电压继电器线圈

(d) 欠电压继电器线圈　　(e) 常开触点　　(f) 常闭触点

图 4-25　电流、电压继电器的图形和文字符号

（3）过电流继电器、电压继电器的选择原则。

① 过电流继电器的额定电流一般可按电动机长期工作的额定电流来选择。对于频繁启动的电机，考虑到启动电流在继电器中的热效应，额定电流可选大一个等级。

② 过电流继电器的触头种类、数量、额定电流及复位方式应满足控制线路的要求。

③ 过电流继电器的整定值一般为电动机额定电流的 1.7~2 倍，频繁启动场合可取 2.25~2.5 倍。

过电压继电器的选择原则与电流继电器类似，不再重复介绍。

（4）电流继电器、电压继电器的安装与使用。

① 安装前检查继电器的额定电流及整定值是否与实际情况相符，动作部分是否灵活，外壳是否有损坏。

② 安装后应在触头不通电情况下，使吸引线圈通电操作几次，看继电器动作是否可靠。

③ 定期检查继电器各部件是否有松动及损坏现象，保持触头清洁。

（5）电流、电压继电器常见故障及处理方法与接触器相似，可参看接触器有关内容。

2. 中间继电器

中间继电器实质上是电压继电器的一种,它的触点数多(有 6 对或更多),触点电流容量大,动作灵敏。其主要用途是当其他继电器的触点数或触点容量不够时,可借助中间继电器来扩大它们的触点数或触点容量,从而起到中间转换的作用。

(1) 中间继电器的外形、结构及工作原理:中间继电器按工作电压不同可分为两类。一类是用于交直流电路中的 JZ 系列,另一类是只用于直流操作的各种继电保护线路中的 DZ 系列。下面以中间继电器 JZ7 系列为例介绍中间继电器的结构、工作原理。JZ7 系列中间继电器的外形及结构如图 4-26 所示。

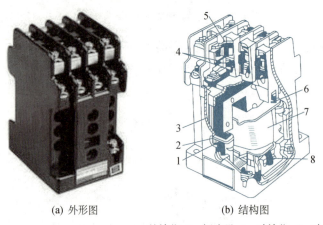

(a) 外形图　　　　(b) 结构图

1—静铁芯;2—短路环;3—动铁芯;4—动合触点;
5—动断触点;6—复位弹簧;7—线圈;8—反作用弹簧

图 4-26　JZ7 系列中间继电器外形图与结构图

JZ7 系列中间继电器采用立体布置。触头采用双断点桥式结构,上、下两层各有 4 对触点,下层触点只能是常开的,故触点系统可按 8 常开、6 常开、2 常闭及 4 常开、4 常闭组合。中间继电器的基本结构及工作原理与接触器基本相同,故又称为接触器式继电器。与接触器不同的是,中间继电器的触点对数较多,且没有主、辅之分,各对触点允许通过的电流大小相同,其额定电流均为 5 A。继电器线圈的额定电压有 12 V、36 V、110 V、220 V、380 V。

(2) 中间继电器的电气符号如图 4-27 所示。

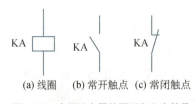

(a) 线圈　(b) 常开触点　(c) 常闭触点

图 4-27　中间继电器的图形和文字符号

(3) 中间继电器主要依据负载电流的类型、电压等级和所需触点数量、种类、容量等要求来选择。

（4）中间继电器的安装与使用方法与接触器相似，可参看接触器相关内容。

（5）中间继电器常见故障及处理办法与接触器相似，可参看接触器相关内容。

3. 热继电器

热继电器是一种利用电流热效应原理工作的电器，它具有与电动机容许过载特性相近的反时限动作特性，主要与接触器配合使用，用于三相异步电动机的过负荷和断相保护。

热继电器的形式有很多种，其中双金属片式的热继电器最多。按极数划分，热继电器分为单极、两极和三极 3 种；按复位方式分，热继电器分为自动复位式和手动复位式两种。

（1）热继电器的外形、结构及工作原理：目前我国生产中常用的热继电器有 JR0、JR16、JR36、JRS 等系列及引进的 T 系列、3 UA 系列等，均为双金属片式热继电器。下面以 JR16 系列热继电器为例，介绍热继电器的结构、工作原理。图 4-28 为热继电器外形图，图 4-29 为 JR16 系列热继电器原理结构图。

图 4-28 热继电器外形图

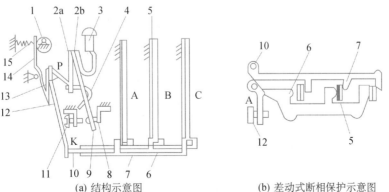

(a) 结构示意图 (b) 差动式断相保护示意图

1—电流调节凸轮；2—2a、2b 簧片；3—手动复位按钮；4—弓簧；5—双金属片；6—外导板；7—内导板；8—常闭静触点；9—动触点；10—杠杆；11—调节螺钉；12—补偿双金属片；13—推杆；14—连杆；15—压簧

图 4-29 JR16 系列热继电器原理结构图

由图 4-29 可知，JR16 系列热继电器主要由热元件、触点系统、动作机构、复位按钮、电流整定装置和温度补偿元件等几部分组成。热元件由主双金属片及绕其上的电阻丝组成，双金属片由两种线膨胀系数不同的金属经机械碾压而成。热元件串接在电动机定子电路中，当电动机正常运行时，热元件产生的热量虽能使双金属片发生弯曲变形，但还不足以使热继电器的触点动作；当电动机过载时，过载电流流过热元件，从而使热元件产生的热量增多，双金属片弯曲位移增大，推动导板，使继电器触点动作，从而切断电动机控制电路，实现电动机的过载保护。

（2）热继电器的电气符号：热继电器的图形符号及文字符号如图 4-30 所示。

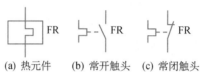

(a) 热元件　　(b) 常开触头　　(c) 常闭触头

图 4-30　热继电器图形和文字符号

（3）热继电器的选择原则：热继电器主要用于电动机的过载保护，使用中应考虑电动机的工作环境、启动情况、负载性质等因素，具体应按以下几个方面来选择。

① 热继电器结构型式的选择：星形接法的电动机可选用两相或三相结构热继电器，三角形接法的电动机应选用带断相保护装置的三相结构热继电器。

② 热继电器的动作电流整定值一般为电动机额定电流的 1.05～1.1 倍。

③ 对于重复短时工作的电动机（如起重机电动机），由于电动机不断重复升温，如果热继电器双金属片的温升跟不上电动机绕组的温升，电动机将得不到可靠的过载保护。因此，不宜选用双金属片热继电器，而应选用过电流继电器或能反映绕组实际温度的温度继电器来进行保护。

（4）热继电器的安装与使用。

① 热继电器在安装接线时，应清除触点表面的污垢，以避免电路不导通或因接触电阻太大而影响热继电器的动作特性。

② 若电动机启动时间过长或启动过于频繁，会使热继电器误动作或烧坏热继电器，在这种情况下一般不用热继电器做过载保护；如仍用热继电器，则应在热继电器热元件两端并联一副接触器或继电器的动断触点，待电动机启动完毕，将动断触点断开，热继电器投入工作。

③ 原则上热继电器周围介质的温度应和电动机周围介质的温度相同，否则会破坏已调整好的配合情况。当热继电器与其他电器安装在一起时，应将热继电器安装在其他电器的下方，以免其动作特性受到其他电器发热的影响。

④ 热继电器出线端的连接导线不宜过细，也不宜过粗。如连接导线过细，则导线的轴向导热性差，热继电器可能提前动作；反之，如连接导线太粗，则其轴向导热快，热继电器可能会延迟动作。

（5）热继电器常见故障及处理方法如表 4-8 所示。

表 4-8　热继电器的常见故障及处理方法

故障现象	产生原因	处理方法
热继电器误动作或动作太快	① 整定电流偏小。 ② 操作频率过高。 ③ 连接导线太细	① 调大整定电流。 ② 调换热继电器或限定操作频率。 ③ 选用标准导线
热继电器不动作	① 整定电流偏大。 ② 热元件烧断或脱焊。 ③ 导板脱出	① 调小整定电流。 ② 更换热元件或热继电器。 ③ 重新放置导板并试验动作灵活性
热元件烧断	① 负载侧电流过大。 ② 反复。 ③ 短时工作。 ④ 操作频率过高	① 排除故障,调换热继电器。 ② 限定操作频率或调换合适的热继电器
主电路不通	① 热元件烧毁。 ② 接线螺钉未压紧	① 更换热元件或热继电器。 ② 旋紧接线螺钉
控制电路不通	① 热继电器常闭触点接触不良或弹性消失。 ② 手动复位的热继电器动作后,未手动复位	① 检修常闭触点。 ② 手动复位

4. 时间继电器

在自动控制系统中,既需要瞬时动作的继电器,也需要延时动作的继电器。时间继电器就是利用某种原理实现触点延时动作的自动电器,经常用于按时间顺序进行控制的电气控制线路中。其种类主要有空气阻尼式、电磁阻尼式、电子式和电动式。

(1) 时间继电器的延时方式有以下两种。

① 通电延时:接受输入信号后,延迟一定的时间输出信号才发生变化。当输入信号消失后,输出瞬时复原。

② 断电延时:接受输入信号时,瞬时产生相应的输出信号。当输入信号消失后,延迟一定的时间,输出之后复原。

空气阻尼式时间继电器又称气囊式时间继电器,它利用气囊中的空气通过小孔节流的原理来达到延时动作的目的,根据其触点延时动作的特点,可分为通电延时动作型和断电延时复位型两种,常见的型号有 JS7-A 系列等。下面以 JS7 型空气阻尼式时间继电器为例进行说明。

(2) 时间继电器的外形、结构及工作原理:JS7 系列时间继电器的外形和结构如图 4-31 所示,它主要由电磁系统、触点系统、空气室、传动机构和基座组成。这种继电器有通电延时与断电延时两种类型。

通电延时型继电器的原理如图 4-32(a)所示。当线圈 1 得电后,铁芯 2 产生吸力,衔铁 4 克服反作用力弹簧 3 的阻力与铁芯吸合,带动推板 5 立即动作,压合微动开关 16,使其动断触点瞬时断开,动合触点瞬时闭合。同时,活塞杆 6 在宝塔形弹簧 7 的作用下向上移动,带动与活塞 12 相连的橡皮膜 9 向上运动,其运动速度受进气孔 11 进气速度的限制。这时

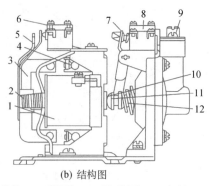

(a) 外形图   (b) 结构图

1—线圈；2—反作用力弹簧；3—衔铁；4—铁芯；5—弹簧片；6—瞬时触头；7—杠杆；
8—延时触头；9—调节螺钉；10—推杆；11—活塞杆；12—宝塔形弹簧

图 4-31 JS7 型时间继电器外形和结构

橡皮膜下面形成空气较稀薄的空间，与橡皮膜上面的空气形成压力差，对活塞的移动产生阻碍作用，活塞杆带动的杠杆 15 只能缓慢地移动。经过一段时间的缓慢移动，活塞才完成全部行程而压动微动开关 13，使其动断触点断开，动合触点闭合。由于从线圈得电到触点动作需一段时间，因此，微动开关 13 的两对触点分别被称为延时闭合瞬时断开的动合触点和延时断开瞬时闭合的动断触点。这种时间继电器的延时时间长短取决于进气速度快慢，旋转调节螺钉 10 调节进气孔的大小，即可达到调节延时时间长短的目的。JS7-A 系列时间继电器的延时范围有 0.4～60 s 和 0.4～180 s 两种。

当线圈 1 失电时，衔铁 4 在反作用弹簧 3 的作用下，通过活塞杆 6 将活塞推向下端，这时橡皮膜 9 下方腔内的空气通过橡皮膜 9、弱弹簧 8 和活塞 12 局部所形成的单向阀迅速从橡皮膜上方气室缝隙中排掉，使微动开关 13、16 的各对触点均瞬时复位。如果将通电延时型时间继电器的电磁机构翻转 180°安装，即成为断电延时型时间继电器，如图 4-32(b)所示。

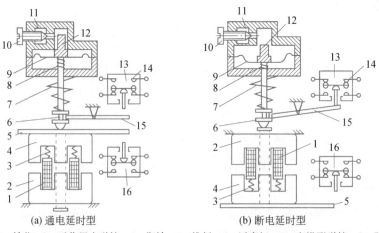

(a) 通电延时型   (b) 断电延时型

1—线圈；2—铁芯；3—反作用力弹簧；4—衔铁；5—推板；6—活塞杆；7—宝塔形弹簧；8—弱弹簧；
9—橡皮膜；10—调节螺钉；11—进气孔；12—活塞；13、16—微动开关；14—触头；15—杠杆

图 4-32 JS7 型时间继电器通电延时型、断电延时型工作原理结构图

空气阻尼式时间继电器的延时范围大、结构简单、使用寿命长、价格低,但延时误差大,难以精确地整定延时值,且延时值易受周围环境温度、尘埃等影响。因此,在延时精度要求较高的场合不宜采用空气阻尼式时间继电器,应采用晶体管式时间继电器。

(3)时间继电器的电气符号:时间继电器的图形符号及文字符号如图 4-33 所示。

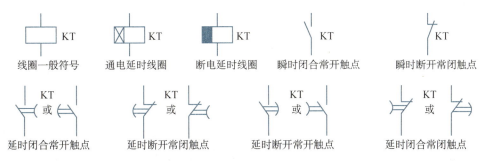

图 4-33　时间继电器图形和文字符号

(4)时间继电器的选择原则。

① 根据控制电路对延时触点的要求,选择延时方式,即通电延时型或断电延时型。

② 根据延时范围和精度要求,选择继电器类型。

③ 根据使用场合、工作环境,选择时间继电器的类型。对延时精度要求不高的场合,一般宜采用价格较低的电磁阻尼式(电磁式)或空气阻尼式(气囊式)时间继电器;若对延时精度要求很高,则宜采用电动机式或晶体管式时间继电器。

④ 根据操作频率选择时间继电器的类型,因为操作频率过高不仅会影响时间继电器电气的寿命,还可能导致延时误差增大。

(5)时间继电器的安装与使用。

① 应该按照说明书规定的方向安装时间继电器,衔铁倾斜度不得超过 5°。

② 应在通电前调整好时间继电器的整定值,并在试车时校正。

③ 时间继电器金属地板上的接地螺钉必须与接地线可靠连接。

④ 使用时间继电器时,应经常清除灰尘、油污。

(6)时间继电器常见故障及处理方法如表 4-9 所示。

表 4-9　时间继电器的常见故障及处理方法

故障现象	产生原因	处理方法
延时触点不动作	① 电磁铁线圈断线 ② 电源电压低于线圈额定电压很多 ③ 电动式时间继电器的同步电动机线圈断线 ④ 电动式时间继电器的棘爪无弹性,不能刹住棘齿 ⑤ 电动式时间继电器游丝断裂	① 更换线圈 ② 更换线圈或调高电源电压 ③ 调换同步电动机 ④ 调换棘爪 ⑤ 调换游丝

(续表)

故障现象	产生原因	处理方法
延时时间缩短	① 空气阻尼式时间继电器的气室装配不严,漏气 ② 空气阻尼式时间继电器的气室内橡皮薄膜损坏	① 修理或调换气室 ② 调换橡皮薄膜
延时时间变长	① 空气阻尼式时间继电器的气室内有灰尘,使气道阻塞 ② 电动式时间继电器的传动机构缺润滑油	① 清除气室内灰尘,使气道畅通 ② 加入适量的润滑油

5. 速度继电器

速度继电器是反映电动机转速和转向变化的继电器,其主要作用是以旋转速度的快慢为指令信号,与接触器配合,实现对电动机的反接制动控制,故又称为反接制动继电器。机床控制线路中常用的速度继电器有 JY1 型、JFZ0 型。

(1) 速度继电器的外形、结构及工作原理:速度继电器的外形和结构如图 4-34 所示。

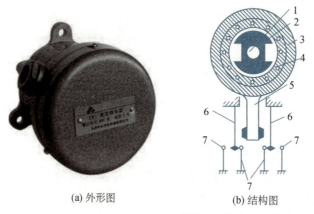

(a) 外形图   (b) 结构图

1—转轴;2—转子;3—定子;4—绕组;
5—胶木摆杆;6—动触点;7—静触点

图 4-34　JY1 型速度继电器的外形和结构

速度继电器的转轴和电动机的轴通过联轴器相连,当电动机转动时,速度继电器的转子随之转动,定子内的绕组便切割磁感线,产生感应电动势,而后产生感应电流,此电流与转子磁场作用产生转矩,使定子开始转动。电动机转速达到某一值时,产生的转矩能使定子转到一定角度,使摆杆推动常闭触点动作;当电动机转速低于某一值或停转时,定子产生的转矩会减小或消失,触点在弹簧的作用下复位。

速度继电器有两组触点(每组各有一对常开触点和常闭触点),可分别控制电动机正、反转的反接制动。一般速度继电器动作速度为 120 r/min,触点复位速度值为 100 r/min。在连续工作制中,能在 1 000～3 600 r/min 范围内可靠地工作,允许操作频率每小时不超过 30 次。

(2) 速度继电器的图形和文字符号如图 4-35 所示。

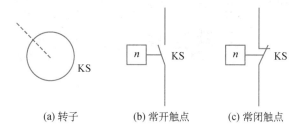

图 4-35 速度继电器图形和文字符号

(3)速度继电器的选择原则:速度继电器主要根据所需控制电动机的转速大小、触头数量、电压、电流来选择。

(4)速度继电器的安装与使用。

① 使用速度继电器时,继电器的转轴应与电动机同轴连接。

② 安装速度继电器接线时,正反向的触点不能接错,否则不能起到反接制动时接通和断开反向电源的作用。

③ 速度继电器金属外壳须可靠接地。

(5)速度继电器常见故障及处理方法:速度继电器的常见故障及处理方法如表4-10所示。

表 4-10 速度继电器的常见故障及处理方法

故障现象	产生原因	处理方法
制动时速度继电器失效,电动机不能制动	① 速度继电器胶木摆杆断裂 ② 速度继电器常开触点接触不良 ③ 弹性动触片断裂或失去弹性	① 调换胶木摆杆 ② 清洗触点表面油污 ③ 调换弹性动触片

四、实训注意事项

(1)拆卸时按顺序摆放器件,以免丢失;对动触头、静触头进行闭合检查;组装后,连接负载进行通电校验。

(2)拆卸过程中不允许硬撬和使用蛮力,以防损坏电器;电器元件通电时,必须将其固定在控制板上,并由老师在一旁监护以确保用电安全。

(3)对动触头、电磁系统、灭弧进行检查;组装接触器后,在装灭弧罩时,应用手压下动触头,观察接触器的动作是否灵活;根据接触器接头线圈额定电压通入相应的电压,观察接触器动作是否可靠。

项目二 点动正转控制线路与连续正转控制线路的安装

一、实训目的

(1) 能够分析电路的工作过程和检测方法。
(2) 学会电路的工艺要求和工艺走线。
(3) 学会电路故障的排除方法。

二、实训器材

实训器材包括:三相笼型异步电动机、熔断器、交流接触器、热继电器、控制按钮、端子排、兆欧表、钳形电流表、数字万用表、测电笔、螺丝刀、尖嘴钳、斜口钳、剥线钳。

三、实训内容及步骤

(一) 点动正转控制线路与连续正转控制线路的接线图

点动正转控制线路与连续正转控制线路的接线图如图 4-36 所示。

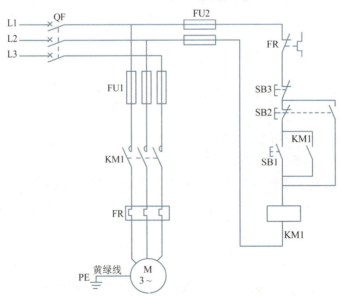

图 4-36 点动正转控制线路与连续正转控制线路的接线图

1. 工作过程

点动时,合上总开关 QF,按下启动按钮 SB2(由于 SB2 常闭触点断开,切断 KM1 辅助常开触点支路,所以即使 KM1 辅助常开触点闭合,电流也不能流过 KM1 辅助常开触点),接触器 KM1 线圈得电,其主触点闭合,电动机 M 接通电源运行;当松开启动按钮 SB2 时,接触器 KM 线圈失电,其主触点断开,电动机 M 断开电源停止运行。

连续工作时,合上电源开关 QF 后,按下启动按钮 SB1,接触器 KM 线圈得电吸合,接触器 KM 的主触点闭合,电动机 M 通电启动;同时又使接触器 KM1 与 SB1 并联的一个动合触点闭合,这个触点叫自锁触点,松开 SB1,控制线路通过 KM1 自锁触点使线圈仍保持得电吸合。如需电动机停转,只需按一下停止按钮 SB3,接触器 KM1 线圈就会失电释放,KM1 的主、辅触点断开,电动机 M 断电停转;同时 KM1 自锁触点也断开。若要电动机运转,则需重新启动。此线路常被称为接触器自锁正转控制电路。

2. 相关术语

(1) 短路保护:电气设备运行时,如果相与相之间或相与地(或中性线)之间发生非正常连接(即短路),流过的电流值可远远大于额定电流。发生短路时,因电流过大往往引起电器损坏或火灾。在低压配电网络和电力拖动系统中主要用熔断器做短路保护,熔断器串联在被保护的电路中,当电路发生短路故障,通过熔断器的电流达到或超过某一规定值时,其自身产生的热量使熔体熔断,从而自动分断电路,起到保护作用。

(2) 欠压保护和失压保护:欠压指线路电压低于电动机应加的额定电压。欠压保护指线路电压下降到某一数值时,电动机能自动脱离电源停转,避免电动机在欠压下运行的一种保护。失压保护是指电动机在正常运行中,由于外界某种原因引起突然断电时,能自动切断电动机电源;当重新供电时,保证电动机不能自行启动的一种保护。电路的欠压与失压保护依靠接触器自身的电磁机构来实现。当电源电压降低到一定值或电源断电时,接触器的电磁机构反力大于电磁吸力,接触器衔铁释放,其常开触点断开,电动机停止转动,而当电源电压恢复正常或重新供电时,接触器线圈不会自行通电吸合,只有在操作人员再次按下启动按钮之后,电动机才能重新启动。

(3) 过载保护:过载就是负荷过大,超过了设备本身的额定负载,产生的现象是电流过大,用电设备发热。线路长期过载会降低线路绝缘水平,甚至烧毁设备或线路。过载保护是指电动机在正常运行中,当过载或其他原因使电流超过额定值时,能自动切断电动机电源的一种保护。在电动机的控制线路中用热继电器做过载保护。这是由于热继电器的热惯性较大,只有当电动机较长时间过载时,热继电器才动作,使串接在控制电路中的热继电器常闭触点断开,切断接触器线圈回路,使接触器断电释放,主电路接触器的主触点断开,电动机断电停止转动,实现对电动机的过载保护。

(二) 主要低压电器及其作用

(1) 断路器 QF:作电源的隔离开关。

(2) 熔断器 FU1、FU2:分别用于主电路、控制电路的短路保护。

(3) 控制按钮 SB1、SB2、SB3:控制接触器 KM1 连续、点动与停止。

(4) 接触器 KM 的主触点:控制电动机的运行。

(5) 热继电器 FR 的触点:电动机长期过载时,把控制电路断开,使交流接触器 KM 的线圈失电,KM 的主触点断开,电动机停止运行,起过载保护作用。

(三) 布线工艺要求

(1) 布线通道要尽可能少。主电路、控制电路分类要清晰,同一类线路要单层密排,紧贴安装板面布线。

(2) 同一平面内的导线尽量避免交叉。当必须交叉时,布线线路要清晰,以便于识别。

(3) 布线应横平竖直,走线改变方向时应垂直转向。

(4) 布线一般以接触器为中心,由里向外,由低至高,以不妨碍后续布线为原则。

(5) 布线一般按照先控制线路,后主电路的顺序。主电路和控制电路要尽量分开。

(6) 导线与接线端子或接线柱连接时,应不压绝缘层、不反圈及不露铜过长,并做到同一元件、同一回路不同接点的导线间距离保持一致。

(7) 一个电气元件接线端子上的连接导线不得超过两根。每节接线端子排上的连接导线一般只允许连接一根。

(8) 布线时,严禁损伤线芯和导线绝缘。

(9) 布线时,不在控制板上的电气元件,要从端子排上引出。

(10) 布线时,要确保连接牢靠,用手轻拉不会脱落或断开。

(四) 通电试车

进行点动正转控制的启停操作。按下点动控制按钮 SB2,启动电动机,观察线路和电动机运行有无异常现象;松开按钮 SB2,电动机停转。

进行连续正转控制的启停操作。按下启动按钮 SB1,电动机启动,观察线路和电动机运行有无异常现象;松开按钮 SB1,电动机依然运行;按下停止按钮 SB3,电动机停转。

(五) 技能考核

技能考核如表 4-11 所示。

表 4-11 技能考核

序号	主要内容	考核要求	配分	扣分	得分
1	绘制电气原理图	图形符号、文字符号每错、漏一处扣1分	20		
2	导线、元件选择	导线颜色、截面选错,每项扣2分;元件选错,每处扣2分;元件布置不合理,每处扣2分;编码套管等附件选用不当,每处扣2分	10		

(续表)

序号	主要内容	考核要求	配分	扣分	得分
3	导线、元件安装	元件安装不符合要求,每处扣 2 分;损坏元件,每处扣 2 分;导线安装不符合要求,每根扣 2 分;不按电路图接线,每处扣 2 分;漏接接地线扣 6 分	20		
4	通电试车	整定值未定或设置错误扣 3 分;第一次试车不成功扣 8 分,第二次试车不成功扣 10 分	30		
5	安全文明生产	违反安全文明生产规程,每处扣 5 分	10		
6	电流测量	能利用钳形电流表测量出电动机的三相电流,不能测出,每次扣 5 分,扣完为止	10		
	合 计		100		

四、实训注意事项

（1）从电源端开始，逐段核对连线是否正确，连接点是否符合要求。

（2）通电试车前，用万用表检查各连线的电器连接，保证连接正确，没有短路或断路。

（3）用万用表进行检查时，应选用适当倍率的电阻挡，并进行欧姆调零，以防错漏短路故障。校验控制电路时，可将表笔分别搭在连接控制线路两根电源线的接线端上，读数应为∞，按下点动控制按钮 SB2 时，读数应为接触器线圈的直流电阻阻值。

（4）螺旋式熔断器的接线要正确，以确保用电安全。

（5）电动机和按钮的金属外壳必须可靠接地。

（6）接至电动机的导线必须结实，并有良好的绝缘性能。

（7）安装完毕的控制线路板必须经过认真检查并经指导教师允许后方可通电试车，以防止发生严重事故。

（8）要认真听取指导教师在示范过程中的讲解并仔细观察示范操作。

（9）应在规定的时间内完成安装，工具和仪表的使用方法要正确，同时要做到安全操作和文明生产。

项目三　接触器(按钮)联锁正反转控制线路的安装

一、实训目的

（1）能分析电路的工作过程和检测方法,并能深入读懂电路中各个元件在电路中起到的作用和能够自行设计电路。

（2）学会电路的工艺要求和工艺走线。

（3）学会电路故障的排除方法。

二、实训器材

实训器材包括:三相笼型异步电动机、熔断器、交流接触器、热继电器、控制按钮、端子排、兆欧表、钳型电流表、数字万用表、测电笔、螺丝刀、尖嘴钳、斜口钳、剥线钳。

三、实训内容及步骤

（一）接触器(按钮)联锁正反转控制线路接线图

1. 接触器联锁正反转控制线路安装接线图

接触器联锁正反转控制线路接线图如图4-37所示。

工作过程:图4-37中有两个接触器,即正转用的接触器KM1和反转用的接触器KM2。当接触器KM1的主触点接通时,三相电源的进线按L1、L2、L3的顺序接入电动机,电动机正转;而当KM2的主触点接通时,三相电源的进线按L3、L2、L1的顺序接入电动机,电动机反转。

线路要求接触器KM1和KM2不能同时得电,否则它们的主触点就会一起闭合,造成L1和L3两相电源短路。为此,在KM1和KM2线圈各自支路中串联一个动断辅助触点,以保证接触器KM1和KM2的线圈不会同时得电。接触器KM1和KM2的两个动断辅助触点实现了互锁作用,这两个动断触点就叫做互锁触点。

正转控制时,按下正转按钮SB1,接触器KM1线圈得电吸合,其主触点闭合,电动机M启动正转。同时,KM1的自锁触点闭合,互锁触点断开。

反转控制时,必须先按停止按钮SB3使接触器KM1线圈失电释放,其触点复位,电动机M断电。然后按下反转按钮SB2,接触器KM2线圈得电吸合,其主触点闭合,电动机M

模块四　电气控制线路的安装实训

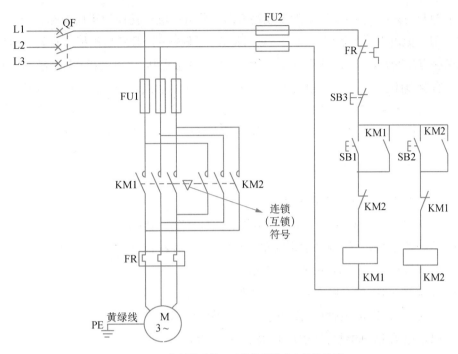

图 4-37　接触器联锁正反转控制线路安装接线图

启动反转。同时，KM2 自锁触点闭合，互锁触点断开。

2. 接触器、按钮联锁正反转控制线路接线图

接触器、按钮联锁正反转控制线路安装接线图如图 4-38 所示。

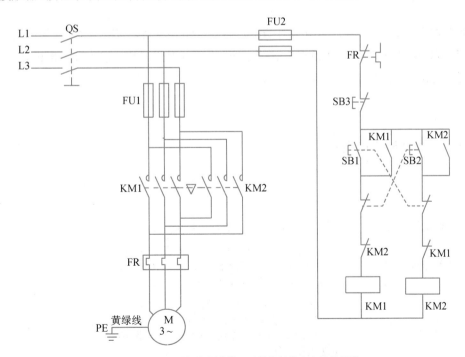

图 4-38　接触器、按钮联锁正反转控制线路安装接线图

109

工作过程:按钮互锁的正反转控制线路工作过程与接触器互锁的正反转控制线路工作过程基本相似。但由于前者采用了复合按钮,即按下反转按钮 SB2 时,使接在正转控制线路中 SB2 动断触点先断开,正转接触器 KM1 线圈失电,其主触点断开,电动机 M 断电;接着按按钮 SB1 的动合触点闭合,使反转接触器 KM2 线圈得电,其主触点闭合,电动机 M 反转启动。这样既保证了正反转控制接触器 KM1 和 KM2 失电,又可不按停止按钮 SB3 而直接按反转按钮 SB2 进行反转启动。要想由反转运行转换成正转运行,直接按正转按钮 SB1 即可。

(二) 主要低压电器及其作用

(1) 断路器 QF:作为电源的隔离开关。

(2) 熔断器 FU1、FU2:分别用于主电路、控制电路的短路保护。

(3) 控制按钮 SB1、SB2:电动机的正转和反转启动按钮。

(4) 控制按钮 SB3:电动机的停止按钮。

(5) 接触器 KM1 的主触点:控制电动机正转的启动与停止。

(6) 接触器 KM2 的主触点:控制电动机反转的启动与停止。

(7) 热继电器 FR 的触点:实现电动机的过载保护。

(三) 布线工艺要求

同点动正转控制线路与连续正转控制线路工艺要求。

(四) 通电试车

控制按钮 SB1、SB2 分别为电动机的正转启动按钮和反转启动按钮,SB3 为电动机的停止按钮。当电动机从正转变为反转时,必须先按下停止按钮 SB3,电动机停止正转后,才能按下反转启动按钮 SB2。

(五) 技能考核

技能考核如表 4-12 所示。

表 4-12 技能考核

序号	主要内容	考核要求	配分	扣分	得分
1	绘制电气原理图	图形符号、文字符号每错漏一处扣 1 分	15		
2	选择导线、元件	导线颜色、截面选错,每项扣 2 分;元件选错,每处扣 2 分;元件布置不合理,每处扣 2 分;编码套管等附件选用不当,每处扣 2 分	15		
3	安装导线、元件	元件安装不符合要求,每处扣 2 分;损坏元件,每处扣 2 分;导线安装不符合要求,每根扣 2 分;不按电路图接线,每处扣 2 分;漏接接地线扣 6 分	20		

(续表)

序号	主要内容	考核要求	配分	扣分	得分
4	通电试车	整定值未定或设置错误扣 3 分；第一次试车不成功扣 8 分，第二次试车不成功扣 10 分	30		
5	安全文明生产	违反安全文明生产规程，每处扣 5 分	10		
6	电流测量	能利用钳形电流表测量出电动机的三相电流，不能测出，每次扣 5 分，扣完为止	10		
		合　计	100		

四、实训注意事项

（1）按电路图或接线图从电源端开始，逐段核对连线是否正确，连接点是否符合要求。

（2）用万用表进行检查时，应选用适当倍率的电阻挡，并进行欧姆调零，以防错漏短路故障。校验控制电路时，可将表笔分别搭在连接控制线路的两根电源线的接线端上，读数应为∞。

（3）检查主电路时，可以用手动操作来代替接触器线圈吸合时的情况。

（4）控制线路制作完毕，检查无误并经指导教师允许后可进行通电试车。

项目四　三相异步电动机的位置控制与自动循环控制线路

一、实训目的

（1）学会位置控制、自动循环控制线路的实现方法及两种控制线路中低压电器元件的种类、结构、原理及选用原则。

（2）学会对位置控制线路与自动循环控制线路的原理并会分析。

（3）能熟练掌握工作台自动往返控制线路的安装。

二、实训器材

实训器材包括：刀开关、熔断器、按钮、位置开关、交流接触器、热继电器。

三、实训内容及步骤

（一）位置控制线路接线图

位置控制线路接线图如图 4-39 所示。

工作过程：工厂车间里的行车升降机常采用图 4-39 这种线路。行车的两头终点处各安装了一个位置开关 SQ1 和 SQ2，将这两个位置开关的常闭触头分别串接在正转控制电路和反转控制电路中。行车前后各装有挡铁 1 和挡铁 2，行车的行程和位置可通过移动位置开关的安装位置来调节。此电路中 SB2 为正转启动按钮，而正转的自动停止由 SQ1 来实现，电路中 SB3 为反转启动按钮，而反转的自动停止由 SQ2 来实现，电路中还设置了一个紧急停止按钮 SB1。

行车向前运动时，按下正转启动按钮 SB2，接触器 KM1 线圈得电吸合，其主触点闭合，电动机 M 启动正转。同时，KM1 的自锁触点闭合，互锁触点断开。行车前移，移至限定位置，挡铁 1 碰撞位置开关 SQ1，SQ1 常闭触头分断，KM1 线圈失电，其主触点闭合，电动机 M 失电停转，行车停止前移。

行车向后运动时，按下反转启动按钮 SB3，接触器 KM2 线圈得电吸合，其主触点闭合，电动机 M 启动反转。同时，KM2 的自锁触点闭合，互锁触点断开。行车后移，移至限定位置，挡铁 2 碰撞位置开关 SQ2，SQ2 常闭触头分断，KM2 线圈失电，其主触点闭合，电动机 M 失电停转，行车停止后移。

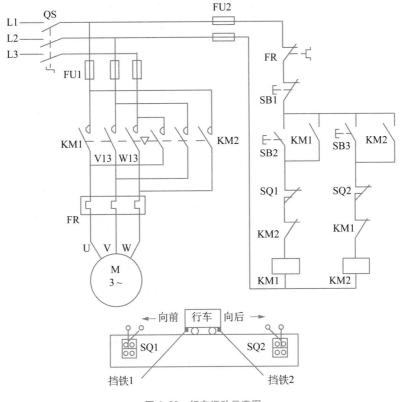

图 4-39 行车运动示意图

停车时,只需按下 SB1 即可。

(二) 行程自动循环控制线路接线图

行程自动循环控制线路接线图 4-40 所示。

工作过程:合上电源开关 QS,按下启动按钮 SB2,接触器 KM1 线圈得电,其主触点闭合,电动机 M 正转启动,工作台向左移动。当工作台移动到一定位置时,挡铁 1 碰撞位置开关 SQ1,使 SQ1 动断触点断开,接触器 KM1 线圈失电释放,电动机 M 断电。与此同时,位置开关 SQ1 的动合触点闭合,接触器 KM2 线圈得电吸合,其主触点闭合,使电动机 M 反转,拖动工作台向右移动,此时位置开关 SQ1 虽复位,但接触器 KM2 的自锁触点已闭合,故电动机 M 继续拖动工作台向右移动。当工作台向右移动到一定位置时,挡铁 2 碰撞位置开关 SQ2,SQ2 的动断触点断开,接触器 KM2 线圈失电释放,电动机 M 断电,同时 SQ2 的动合触点闭合,接触器 KM1 线圈又得电动作,电动机 M 又正转,拖动工作台向左移动。

如此周而复始,工作台在预定的距离内自动往复运动。图中位置开关 SQ3 和 SQ4 安装在工作台往复运动的极限位置上,以防止位置开关 SQ1 和 SQ2 失灵时,使工作台继续运动造成事故。

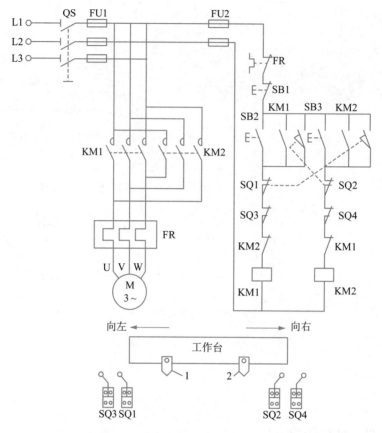

图 4-40 行程自动循环控制线路接线图

(三) 主要低压电器及其作用

(1) 刀开关 QS:作为电源的隔离开关。

(2) 熔断器 FU1、FU2:分别用于主电路、控制电路的短路保护。

(3) 控制按钮 SB2:电动机的正转启动按钮,工作台向左移动。若启动时,工作台在右端,应按下按钮 SB2。

(4) 控制按钮 SB3:电动机的反转启动按钮,工作台向右移动。若启动时,工作台在左端,应按下按钮 SB3。

(5) 控制按钮 SB1:电动机的停止按钮,工作台停止运动。

(6) 位置开关 SQ1、SQ2:用来自动换接电动机正反转控制电路,实现工作台的自动往返行程控制。

(7) 位置开关 SQ3、SQ4:用来作终端保护。

(8) 接触器 KM1 的主触点:控制电动机正转的启动与停止。

(9) 接触器 KM2 的主触点:控制电动机反转的启动与停止。

(10) 热继电器 FR 的触点:实现电动机的长期过载保护。

（四）布线工艺要求

同点动正转控制线路与连续正转控制线路工艺要求。

（五）通电试车

（1）接通电源，合上刀开关。

（2）试验各行程控制和终端保护是否可靠。先按下正转启动按钮 SB2，接触器 KM1 线圈得电，电动机正转运行，工作台左移；移至限定位置，挡铁与位置开关 SQ1 碰撞，接触器 KM1 线圈失电。同时 KM2 线圈得电，电动机反转运行，工作台右移，移至限定位置，挡铁与位置开关 SQ2 碰撞，接触器 KM2 线圈失电；同时 KM1 线圈得电，循环往复。停止时，按下停止按钮 SB1 即可。

（六）技能考核

技能考核表如表 4-13 所示。

表 4-13 技能考核

序号	主要内容	考核要求	配分	扣分	得分
1	绘制电气原理图	图形符号、文字符号每错漏一处扣 1 分	15		
2	选择导线、元件	导线颜色、截面选错，每项扣 2 分；元件选错，每件扣 2 分；元件布置不合理，每处扣 2 分；编码套管等附件选用不当，每处扣 2 分	15		
3	安装导线、元件	元件安装不符合要求，每处扣 2 分；损坏元件，每只扣 2 分；导线安装不符合要求，每根扣 2 分；不按电路图接线，每处扣 2 分；漏接接地线扣 6 分	20		
4	通电试车	整定值未定或设置错误扣 3 分；第一次试车不成功扣 8 分，第二次试车不成功扣 10 分	30		
5	安全文明生产	违反安全文明生产规程，每处扣 5 分	10		
6	电流测量	能利用钳形电流表测量出电动机的三相电流，不能测出，每次扣 5 分，扣完为止	10		
		合　计	100		

四、实训注意事项

（1）用万用表检查各连线的电器连接，保证连接正确，没有短路或断路。

（2）按电路图或接线图从电源端开始，逐段核对连线是否正确，连接点是否符合要求。

（3）用万用表进行检查时，应选用适当倍率的电阻挡，并进行欧姆调零，以防错漏短路故障。校验控制电路时，可将表笔分别搭在连接控制线路的两根电源线的接线端上，读数应为∞。

（4）检查主电路时，可以用手动操作来代替接触器线圈吸合时的情况。

（5）控制线路制作完毕，检查无误并经指导教师允许后可进行通电试车。

项目五　三相异步电动机顺序控制线路的安装

一、实训目的

（1）学会顺序控制线路的设计思路和设计方法，通过实践能完成顺序控制的安装、接线。

（2）能够熟练完成对顺序控制线路的检测、调试和故障的排除。

（3）电路在不通电的情况下，学会检测电路的正确性，学会这种线路的检测方法和实际应用的场合。

二、实训器材

实训器材包括：转换开关、熔断器、按钮、交流接触器、热继电器、中间继电器、数字万用表、钳形电流表。

三、实训内容及步骤

（一）顺序控制线路的接线图

顺序控制线路的接线图如图 4-41 所示。

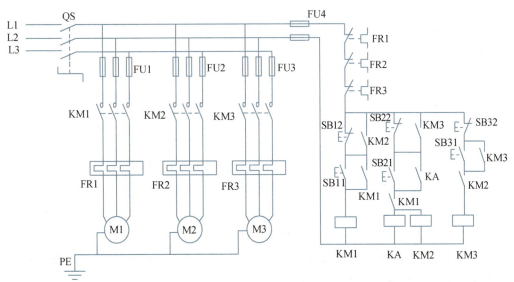

图 4-41　顺序控制线路的接线图

117

M1(1号)、M2(2号)、M3(3号)依次顺序启动：

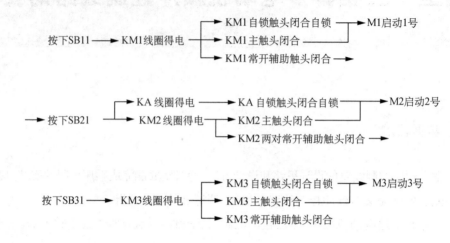

M3(3号)、M2(2号)、M1(1号)依次逆序停止：

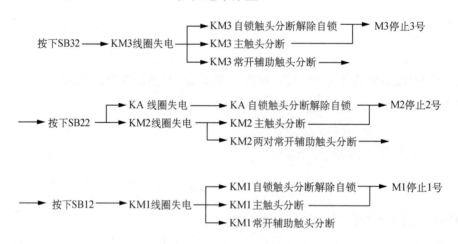

3台电动机都用熔断器和热继电器作短路和过载保护，3台中任何一台出现过载故障，3台电动机都会停车。

(二) 主要低压电器及其作用

(1) 转换开关QS：作为电源的隔离开关。

(2) 熔断器FU1、FU2、FU3、FU4：分别用于主电路、控制电路的短路保护。

(3) 控制按钮SB11、SB21、SB31：第一、二、三台电动机的启动按钮，启动时必须先启动第一台电机，然后再启动第二台电机，最后启动第三台电机。

(4) 控制按钮SB12、SB22、SB32：分别是第一台、第二台、第三台电机的停止按钮，停止时，先停止第三台电机，然后再停止第二台电机，最后是第一台电机。

(5) 中间继电器KA：是用来保证第二台电机正常工作的，由于受到接触器辅助常开触点的数量的限制，所以加一个中间继电器。

(6) 接触器 KM1 的主触点：控制第一台电动机正转的启动与停止。

(7) 接触器 KM2 的主触点：控制第二台电动机正转的启动与停止。

(8) 接触器 KM3 的主触点：控制第三台电动机正转的启动与停止。

(9) 热继电器 FR1、FR2、FR3 的触点：实现电动机的过载保护。

（三）布线工艺要求

同点动正转控制线路与连续正转控制线路工艺要求。

（四）通电试车

控制线路制作完毕，检查无误并经指导教师允许后方可通电试车。

(1) 接通电源，合上总开关。

(2) 进行三相笼型异步电动机 M1、M2 和 M3 的顺序起停操作。按下启动按钮 SB11，接触器 KM1 线圈得电，电动机 M1 启动；再按下启动按钮 SB21，接触器 KM2 线圈得电，电动机 M2 启动；再按下启动按钮 SB31，接触器 KM3 线圈得电，电动机 M3 启动；停止时，必须先按下停止按钮 SB32，电动机 M3 停止运行后，才能按下 SB22，M2 停止运行，最后按下 SB12，M3 才停止运行。

（五）技能考核

技能考核如表 4-14 所示。

表 4-14 技能考核

序号	主要内容	考核要求	配分	扣分	得分
1	绘制电气原理图	图形符号、文字符号每错漏一处扣 1 分	15		
2	选择导线、元件	导线颜色、截面选错，每项扣 2 分；元件选错，每件扣 2 分；元件布置不合理，每处扣 2 分；编码套管等附件选用不当，每处扣 2 分	15		
3	安装导线、元件	元件安装不符合要求，每处扣 2 分；损坏元件，每只扣 2 分；导线安装不符合要求，每根扣 2 分；不按电路图接线，每处扣 2 分；漏接接地线扣 6 分	20		
4	通电试车	整定值未定或设置错误扣 3 分；第一次试车不成功扣 8 分，第二次试车不成功扣 10 分	30		
5	安全文明生产	违反安全文明生产规程，每处扣 5 分	10		
6	电流测量	能利用钳形电流表测量出电动机的三相电流，不能测出，每次扣 5 分，扣完为止	10		
		合　计	100		

四、实训注意事项

(1) 用万用表检查各连线的电器连接,保证连接正确,没有短路或断路。

(2) 按电路图或接线图从电源端开始,逐段核对连线是否正确,连接点是否符合要求。

(3) 用万用表进行检查时,应选用适当倍率的电阻挡,并进行欧姆调零,以防错漏短路故障。校验控制电路时,可将表笔分别搭在连接控制线路的两根电源线的接线端上,读数应为∞。

(4) 检查主电路时,可以用手动操作来代替接触器线圈吸合时的情况。

(5) 控制线路制作完毕,检查无误并经指导教师允许后可进行通电试车。

项目六　三相异步电动机的 Y—△降压启动控制线路

一、实训目的

（1）学会时间继电器自动控制 Y—△降压启动线路的安装。

（2）结合时间继电器控制线路，能够自行设计手动控制 Y—△降压启动线路，并能实现电路的正常工作。

（3）能用电压法和电阻法检查和排除 Y—△降压启动控制线路的故障。

二、实训器材

实训器材包括：转换开关、熔断器、按钮、交流接触器、热继电器、数字万用表、钳形电流表、时间继电器。

三、实训内容及步骤

（一）时间继电器控制的 Y—△降压启动控制线路

时间继电器控制的 Y—△降压启动控制线路图如图 4-42 所示。

工作过程：合上电源刀开关 QS 后，按下启动按钮 SB2，接触器 KM1 线圈、KM3 线圈及通电延时型时间继电器 KT 线圈得电，电动机接成 Y 形启动；同时 KM1 的动合辅助触点自锁，时间继电器开始延时计时。当电动机接近额定转速，即时间继电器 KT 延时时间到时，KT 的延时断开动断触点断开，切断 KM3 线圈电路，KM3 线圈断电释放，其主触点和辅助触点复位；同时，KT 的延时闭合动合触点闭合，使 KM2 线圈得电，其辅助触点闭合自锁，主触点闭合，电动机接成△形运行。时间继电器 KT 线圈也因 KM2 动断触点断开而失电，时间继电器的触点复位，为下一次启动做好准备。停止时，按下按钮 SB1 即可。

（二）主要低压电器及其作用

（1）刀开关 QS：作为电源的隔离开关。

（2）熔断器 FU1、FU2：分别用于主电路、控制电路的短路保护。

（3）控制按钮 SB1、SB2：控制接触器 KM1 线圈得电与失电。

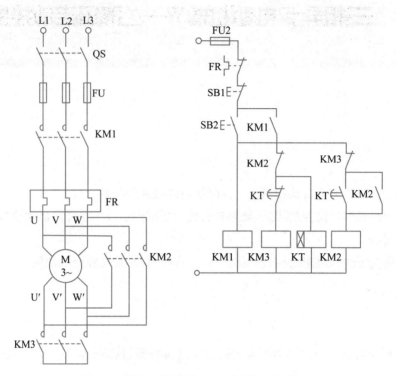

图 4-42　时间继电器控制的 Y—△降压启动控制线路图

(4) 接触器 KM1、KM3 的主触点：控制电动机定子绕组电压星形连接。

(5) 接触器 KM1、KM2 的主触点：实现电动机的定子绕组电压三角形连接。

(6) 热继电器 FR 的触点：电动机长期过载时，实现过载保护。

(7) 时间继电器 KT：完成电动机的定子绕组电压由星形连接自动过渡到三角形连接。

(三) 通电试车

(1) 接通电源，合上刀开关。

(2) 进行三相笼型异步电动机 Y—△降压启动控制的启停操作。按下启动按钮 SB2，接触器 KM1、KM3 线圈得电，电动机接成星形启动，同时启动时间继电器 KT 定时；当电动机的转速接近额定转速时，时间继电器动作，线圈 KM3 断电，KM2 线圈得电，其辅助触点闭合自锁，主触点闭合，电动机接成三角形运行。时间继电器 KT 的线圈也因 KM2 动断触点断开而失电，其触点复位，为下一次启动做好准备。按下停止按钮 SB1，电动机停止运行。

(四) 技能考核

技能考核如表 4-15 所示。

表 4-15 技能考核

序号	主要内容	考核要求	配分	扣分	得分
1	绘制电气原理图	图形符号、文字符号每错漏一处扣 1 分	15		
2	选择导线、元件	导线颜色、截面选错,每项扣 2 分;元件选错,每处扣 2 分;元件布置不合理,每处扣 2 分;编码套管等附件选用不当,每处扣 2 分	15		
3	安装导线、元件	元件安装不符合要求,每处扣 2 分;损坏元件,每处扣 2 分;导线安装不符合要求,每根扣 2 分;不按电路图接线,每处扣 2 分;漏接接地线扣 6 分	20		
4	通电试车	整定值未定或设置错误扣 3 分;第一次试车不成功扣 8 分,第二次试车不成功扣 10 分	30		
5	安全文明生产	违反安全文明生产规程,每处扣 5 分	10		
6	电流测量	能利用钳形电流表测量出电动机的三相电流,不能测出,每次扣 5 分,扣完为止	10		
	合　计		100		

四、实训注意事项

(1) 用万用表检查各连线的电器连接,保证连接正确,没有短路或断路。

(2) 按电路图或接线图从电源端开始,逐段核对连线是否正确,连接点是否符合要求。

(3) 用万用表进行检查时,应选用适当倍率的电阻挡,并进行欧姆调零,以防错漏短路故障。校验控制电路时,可将表笔分别搭在连接控制线路的两根电源线的接线端上,读数应为∞。

(4) 检查主电路时,可以用手动操作来代替接触器线圈吸合时的情况。

(5) 控制线路制作完毕,检查无误并经指导教师允许后可进行通电试车。

习题四

一、选择题

1. 改变三相异步电动机的旋转磁场方向就可以使电动机_____。
   A. 停速　　　　　B. 减速　　　　　C. 反转　　　　　D. 降压启动
2. 检修交流电磁铁,发现交流噪声很大,应检查的部位是_____。
   A. 线圈直流电阻　B. 工作机械　　　C. 工作机械　　　D. 调节弹簧
3. 根据实物测绘机床电气设备电气控制线路的布线图时,应按_____绘制。
   A. 实际尺寸　　　B. 比实际尺寸大　C. 比实际尺寸小　D. 一定比例
4. 桥式起重机采用_____实现过载保护。
   A. 热继电器　　　　　　　　　　　B. 过流继电器
   C. 熔断器　　　　　　　　　　　　D. 空气开关的脱扣器
5. 能耗制动时,直流电动机处于_____。
   A. 发电状态　　　　　　　　　　　B. 电动状态
   C. 空载状态　　　　　　　　　　　D. 短路状态
6. 灭弧罩可用_____材料制成。
   A. 金属　　　　　　　　　　　　　B. 陶土、石棉水泥或耐弧塑料
   C. 非磁性材质　　　　　　　　　　D. 传热材质
7. 三相异步电动机的正反转控制关键是改变_____。
   A. 电源电压　　　　　　　　　　　B. 电源相序
   C. 电源电流　　　　　　　　　　　D. 负载大小
8. 三相异步电动机采用 Y—△降压启动时,启动转矩是△接法全压起动时的_____倍。
   A. $\sqrt{3}$　　　B. $\dfrac{1}{\sqrt{3}}$　　　C. $\dfrac{\sqrt{3}}{2}$　　　D. $\dfrac{1}{3}$
9. 三相鼠笼式异步电动机直接启动电流较大,一般可达额定电流的_____倍。
   A. 2～3　　　　　B. 3～4　　　　　C. 4～7　　　　　D. 10
10. 三相对称负载作三角形连接时,相电流是 10 A,线电流与相电流最接近的值是_____A。
    A. 14　　　　　　B. 17　　　　　　C. 7　　　　　　D. 20
11. 三相变压器并联运行时,容量最大的变压器与容量最小的变压器的容量之比不可超过_____。
    A. 3∶1　　　　　B. 5∶1　　　　　C. 10∶1　　　　　D. 15∶1
12. 三相异步电动机外壳带电,造成故障的可能原因是_____。
    A. 电源电压过高　　　　　　　　　B. 接地不良或接地电阻太大
    C. 负载过重　　　　　　　　　　　D. 电机与负载轴线不对

13. 在电气图中,主电路用_____线表示。

  A. 虚线   B. 粗实线   C. 细实线   D. 粗虚线

14. 热继电器用于三相异步电动机的_____保护。

  A. 短路   B. 失压   C. 过载   D. 接地

15. 接触器触点重新更换后应调整_____。

  A. 压力、开距、超程   B. 压力   C. 压力、开距   D. 超程

二、简答题

1. 简述交流接触器的作用和使用注意事项。
2. 简述空气开关的主要作用和使用注意事项。
3. 绘制两台电动机顺序启动控制电路原理图。
4. 简述位置与行程自动往返控制线路的检测过程。
5. 简述时间继电器控制的 Y—△降压启动控制线路原理图及其工作原理。

习题四　参考答案

一、选择题

1. C   2. C   3. D   4. B   5. B   6. B   7. B   8. D   9. C   10. B   11. A   12. B   13. B   14. C   15. A

二、简答题

1. 简述交流接触器的作用和使用注意事项。

答　主要作用:接触器可快速地接通和切断主电路,而且还具有低电压释放保护作用。接触器控制容量大,适用于频繁操作和远距离控制。

使用注意事项:

(1) 控制交流负载应选用交流接触器,控制直流负载则选用直流接触器。

(2) 主触点额定电压应大于或等于负载回路的额定电压。

(3) 主触点的额定电流应大于或等于负载的额定电流。

(4) 吸引线圈电流种类和额定电压应与控制回路电压相一致,接触器在线圈额定电压85%及以上时应能可靠吸合。

(5) 接触器的主触点和辅助触点的数量应满足控制系统的要求。

2. 简述空气开关的主要作用,简述空气开关的使用注意事项。

答　空气开关的作用:

空气开关是低压电网中非常常用的一种,而且特别重要的一种电器。它集控制和多种保护于一体。除了能完成接通和断开电路,还能够对电路和电气设备发生短路、过载以及

欠电压等进行保护,此外还可以用于不频繁的启动电机。

空气开关的使用注意事项:

(1) 根据电气装置的要求确定空开的类型。

(2) 根据对线路的保护要求确定空开的保护形式。

(3) 空开的额定电压和额定电流应大于或等于线路、设备的正常工作电压和工作电流。

(4) 空开的极限通断能力大于或等于电路最大短路电流。

(5) 欠电压脱扣器的额定电压等于线路的额定电压。

(6) 过电流脱扣器的额定电流大于或等于线路的最大负载电流。

3. 略

4. 略

5. 略

05

模块五

变频器的应用

项目一 变频器功能参数设置和操作实验

一、实训目的

(1) 掌握变频器的面板功能的设置方法。
(2) 了解变频器的使用方法,学会变频器的接线方法。

二、实训器材

实训器材包括:FR-E740-0.75 KW 变频器、三相异步电动机、数字万用表、钳形电流表。

三、实训内容及步骤

(一) 端子接线

变频器端子接线如图 5-1 所示。

(二) 主电路端子规格

主电路端子规格如表 5-1 所示。

表 5-1 主电路端子规格

端子记号	端子名称	端子功能说明
R/L1、S/L2、T/L3	交流电源输入	连接工频电源。 当使用高功率因数变流器(FR-HC)及共直流母线变流器(FR-CV)时不要连接任何东西
U、V、W	变频器输出	连接三相鼠笼电机
P/+、PR	制动电阻器连接	在端子 P/+-PR 间连接选购的制动电阻器(FR-ABR)
P/+、N/-	制动单元连接	连接制动单元(FR-BU2)、共直流母线变流器(FR-CV)以及高功率因数变流器(FR-HC)
P/+、P1	直流电抗器连接	拆下端子 P/+-P1 间的短路片,连接直流电抗器
⏚	接地	变频器机架必须接地用

模块五 变频器的应用

●三相400 V电源输入

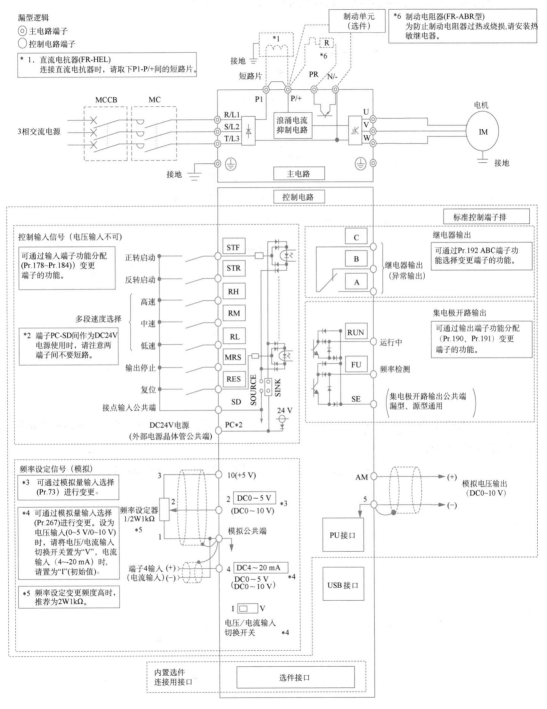

图 5-1 变频器端子接线

(三)主电路端子的端子排列与电源、电机的接线

主电路端子的端子排列与电源、电机的接线如图 5-2 所示。

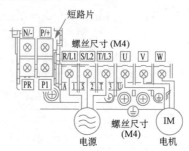

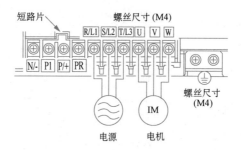

图 5-2　端子排列与电源、电机的接线图

(1) 电源线必须连接至 R/L1、S/L2、T/L3。绝对不能接 U、V、W,否则会损坏变频器。(没有必要考虑相序)

(2) 电机连接到 U、V、W。接通正转开关(信号)时,电机的转动方向从负载轴方向看为逆时针方向。

（四）操作面板各部分名称

变频器操作面板各部分名称如图 5-3 所示。

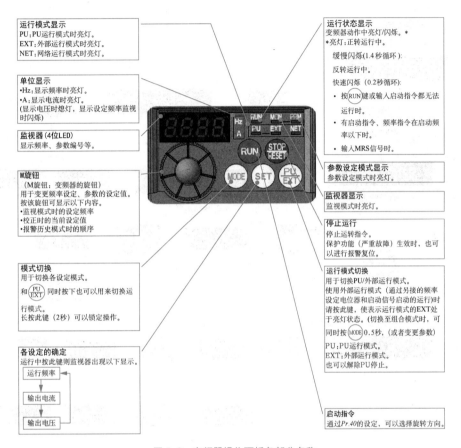

图 5-3　变频器操作面板各部分名称

(五）基本操作

变频器操作面板如图 5-4 所示。

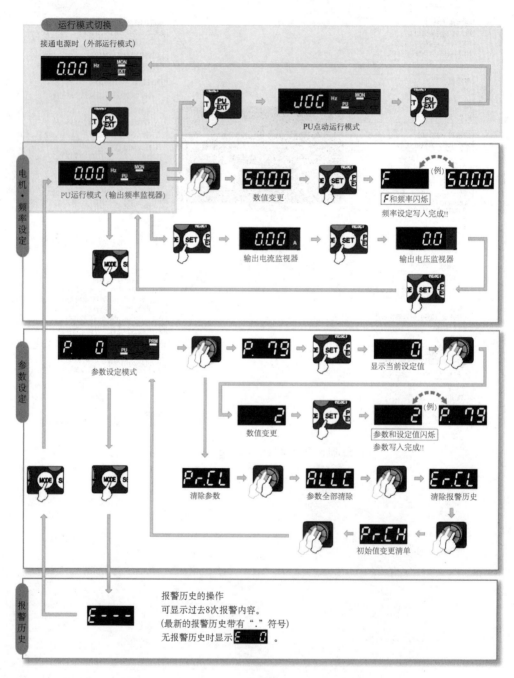

图 5-4　变频器操作面板

四、实训注意事项

(1) 电源线必须连接至 R/L1、S/L2、T/L3，绝对不能接 U、V、W，否则会损坏变频器。（没有必要考虑相序）

(2) 电机连接到 U、V、W。接通正转开关（信号）时，电机的转动方向从负载轴方向看为逆时针方向。

(3) 为防止噪声干扰导致误动作发生，信号线应离动力线 10 cm 及以上。

(4) 接线时请勿在变频器内留下电线切屑，以免导致异常、故障、误动作发生。在控制柜等上钻安装孔时请勿使切屑粉掉进变频器内。始终保持变频器的清洁。

项目二　变频器对电机点动控制、启停控制

一、实训目的

(1) 掌握变频器的面板功能的设置方法。
(2) 了解变频器的使用方法,学会变频器的接线方法。

二、实训器材

实训器材包括:E740 变频器、三相异步电动机、数字万用表、钳形电流表。

三、实训内容及步骤

(一) 变频器与电机的接线

变频器与电机的接线如图 5-5 所示。

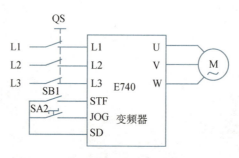

图 5-5　变频器与电机的接线

(二) 调试方法

(1) 接通电源,进入 PU 模式。
(2) 按 MODE 键进入参数设置模式。
(3) 将 P182 设置为"5";RH 为点动运行(JOG)。
(4) 切换为 EXT 模式。
(5) 闭合开关 SA2,点动 SB1 则电动机会在所设置的频率下进行点动运行。

(6) 断开开关 SA2;切换为 PU 模式。

(7) 使 Pr79=3;外部控制模式。

(8) 调整旋钮,使频率为 30 Hz。

(9) 数字在闪烁时按下 SET 键。

(10) 将 SB1 闭合。

(11) 闭合开关 STF 电机在 30 Hz 的频率下运行。

(12) 停止时按下断开开关 STF 电机停止转动。

四、实训注意事项

(1) 变频器的接线应在断电的情况下进行,保证用电的安全性。
(2) 电源线必须连接至 R/L1、S/L2、T/L3,绝对不能接 U、V、W,否则会损坏变频器。
(3) 接线时请勿在变频器内留下电线切屑,电线切屑可能导致异常、故障、误动作发生。

项目三　电机转速多段控制

一、实训目的

(1) 掌握变频器的面板功能的设置方法。
(2) 了解变频器的使用方法,学会变频器的接线方法。

二、实训器材

实训器材包括:E740 变频器、三相异步电动机、数字万用表、钳形电流表、FX2N-48MT 可编程控制器。

三、实训内容及步骤

(一) 外部接线

外部接线如图 5-6 所示。

(二) 变频器的调试

(1) 接通电源。
(2) 在 PU 模式下按 MODE 键。
(3) 使 Pr79 = 2、Pr180 = 0、Pr181 = 1、Pr182 = 2。
(4) 设置 Pr4=50,Pr5=30,Pr6=10。
(5) 通过 PLC 控制变频器的多段速。

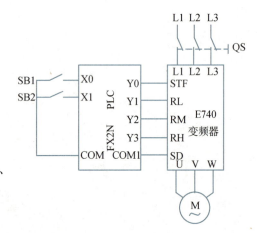

图 5-6　变频器与 PLC 外部接线图

(三) 梯形图

如图 5-7 所示,梯形图意思是:当按钮 SB1 闭合时,驱动输入继电器 X0,X0 的动合触点闭合,使输出继电器 Y0 得电,同时 Y1 和时间继电器 T0 也得电。电动机在 10 Hz 下工作,当时间到达 3 s 时,Y1 断电,Y2 和 T1 得电,电动机在 30 Hz 下工作;又过 3 s,Y1、Y2 都断电 Y3、T2 工作,电动机在 50 Hz 下正常工

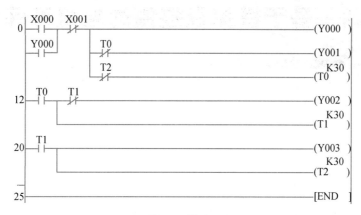

图 5-7 梯形图

作;当时间继电器 T2 计时到 3 s 时,开始循环以上动作。

停止时,按下按钮 SB2 驱动输入继电器 X1,X1 的动断触点断开,变频器停止工作。

四、实训注意事项

(1) 变频器、PLC 的接线应在断电的情况下进行,保证用电的安全性。

(2) 变频器电源线必须连接至 R/L1、S/L2、T/L3,绝对不能接 U、V、W,否则会损坏变频器。PLC 电源线是 L、N 接单相电源 220 V,黄绿双色线为接地线。

(3) 接线时请勿在变频器内留下电线切屑,以免导致异常、故障、误动作发生。

项目四 基于模拟量控制的电机开环调速

一、实训目的

(1) 掌握变频器的简单参数的设置方法。
(2) 了解并熟悉外部模拟量对变频器控制的概念。

二、实训器材

实训器材包括:FR-E740-0.75 kW 变频器、电动机、钳形电流表、数字万用表。

三、实训内容及步骤

(一) 接线图

模拟量接线如图 5-8 所示。

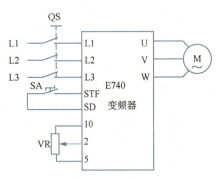 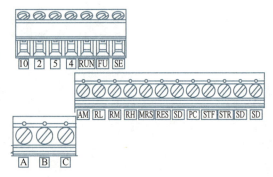

图 5-8 模拟量控制变频器接线图　　图 5-9 控制端子接线图

(二) 控制端子图

控制端子接线图如图 5-9 所示。

(三) 调试步骤

(1) 将电源接通,确认运行模式为 EXT。

（2）启动，闭合开关 SA，无频率指令时，RUN 会快速闪烁。

（3）通过电位器 VR 调节频率的大小做开环实验。

（4）停止时，断开开关 SA。

四、实训注意事项

（1）变频器的接线应在断电的情况下进行，将电位器和启动按钮先接好，保证用电的安全性。

（2）电源线必须连接至 R/L1、S/L2、T/L3，绝对不能接 U、V、W，否则会损坏变频器。

（3）电位器接到变频器端子上要注意电位器的中间端，否则，电位器将不可控制。

综合训练

一、试题

设计、装配、调试一自动控制生产流水线电气控制系统的主电路。

二、技术要求

(1) 用可编程序控制器(PLC)和变频器控制交流电动机工作,由交流电动机带动流水线工作台运行,交流电动机运行转速变化情况如图 5-10 所示,且能连续运转。

①一挡转速为 600 r/min;②二挡转速为 900 r/min;③三挡转速为 1 200 r/min;④四挡转速为 1 320 r/min;⑤反挡转速为 1 050 r/min。

四极电机采用以上各级转速;若采用四极电机则将以上各级转速分别除以 2;若采用六极电机则将以上各级转速分别除以 3;依此类推。

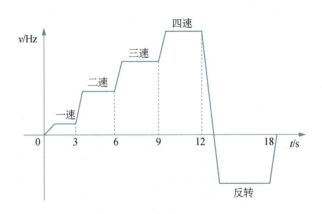

图 5-10 交流电机转速变化

(2) 生产线也可单独选用任一级速度恒速运行。

(3) 生产线检修或调整时可采用步进和步退控制,电机选用一挡转速。

(4) 变频器频率设置估算公式 $f = nP/60$(保留一位小数)。f 为变频器设置频率,n 为电机转速,P 为磁极对数。

三、设计要求与步骤

(1) 设计 PLC-变频器-交流电动机控制系统的电气接线图。
(2) 设计 PLC 输入、输出地址表。
(3) 按技术要求设计 PLC 梯形图。
(4) 将编制的程序输入 PLC 机内,按技术要求调试运行。
(5) 设置变频器有关参数。
(6) 选择合适的导线连接电气控制系统。
(7) 调试、运行系统。

06

模块六

步进、伺服电机控制

项目一 两相混合式步进电机的控制

一、实训目的

(1) 学会步进电机的使用方法。
(2) 了解并熟悉步进驱动器的应用。

二、实训器材

实训器材包括:步进电机、步进驱动器、PLC 主机一台(晶体管输出)、通信线、电脑。

三、实训内容及步骤

(一) 接线图

步进电机的接线如图 6-1 所示。

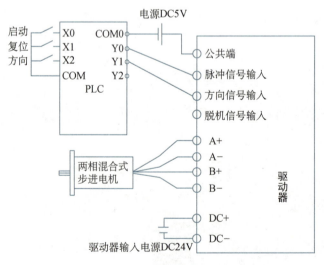

图 6-1 PLC 与步进电机的接线图

（二）调试步骤

(1) 调节驱动器的最大输出电流为 1.8 A。

说明：电流的调节查看驱动器面板丝印上的白色方块对应开关的实际位置。

(2) 调节驱动器的细分为"1"。

(3) 接通电源，给 PLC（控制机）写程序，梯形图如图 6-2 所示。

梯形图解释：当控制机的控制端 X0 闭合时，PLC 给步进电机驱动器发射 400 个脉冲，电机正好转 2 周停止。控制端 X2 是控制步进电机的旋转方向，控制端 X1 是复位 PLC 给驱动器发射脉冲。

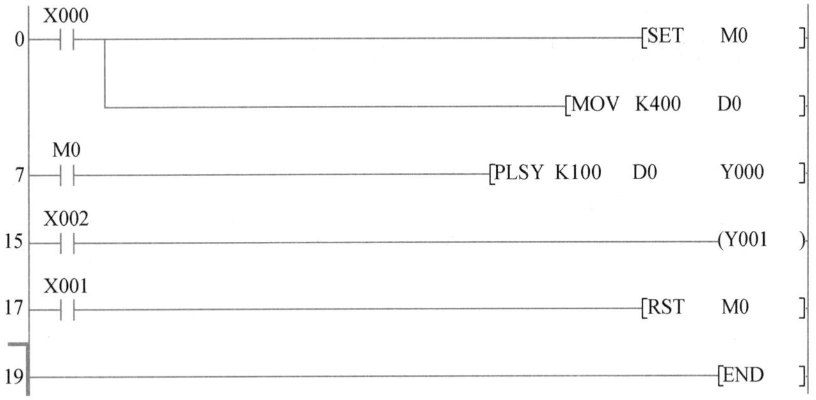

```
    X000
0 ──┤├──┬─────────────────────────[SET   M0  ]
        │
        └─────────────────────────[MOV   K400  D0]
    M0
7 ──┤├─────────────────────────────[PLSY  K100  D0  Y000]
    X002
15──┤├─────────────────────────────────────(Y001)
    X001
17──┤├─────────────────────────────[RST   M0  ]
19─────────────────────────────────────────[END]
```

图 6-2　梯形图

四、实训注意事项

(1) PLC 与步进驱动器连接时要注意电源的极性，极性不能接反。

(2) 接线前应将设备断电后进行，切勿带电操作，保证人身和设备的安全。

(3) 通电前先调试 PLC 的程序，保证编写的程序是正确的。

项目二 交流伺服电机的控制

一、实训目的

（1）了解什么是交流伺服。
（2）学会交流伺服电机的使用方法。
（3）了解并熟悉交流伺服的应用。

二、实训器材

实训器材包括：交流伺服电机一台、交流伺服驱动器一个、FX2N-48MT PLC 一台、导线若干。

三、实训内容及步骤

（一）伺服驱动器面板

伺服驱动器面板如图 6-3 所示。

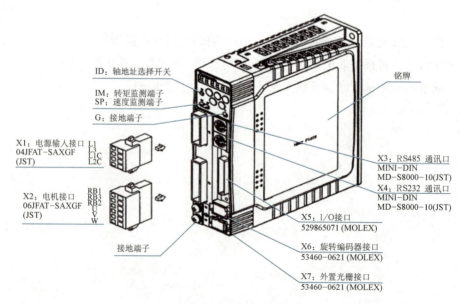

图 6-3 伺服驱动器的面板图

（二）伺服驱动器

MHMD022P1U 为永磁同步交流伺服电机，MADDT1207003 为全数字交流永磁同步伺服驱动装置。

（1）MHMD022P1U 的含义：MHMD 表示电机类型为大惯量；02 表示电机的额定功率为 200 W；2 表示电压规格为 200 V；P 表示编码器为增量式编码器，脉冲数为 2 500 p/r；1 表示分辨率为 10 000；U 表示输出信号线数为 5 根线。

（2）MADDT1207003 的含义：MADDT 表示松下 A4 系列 A 型驱动器，T1 表示最大瞬时输出电流为 10 A，2 表示电源电压规格为单相 200 V，07 表示电流监测器额定电流为 7.5 A，003 表示脉冲控制专用。

（三）接线

MADDT1207003 伺服驱动器面板上有多个接线端口，其中：

（1）X1：电源输入接口，AC220 V 电源连接到 L1、L3 主电源端子，同时连接到控制电源端子 L1C、L2C 上。

（2）X2：电机接口和外置再生放电电阻器接口。U、V、W 端子用于连接电机。必须注意，电源电压务必按照驱动器铭牌上的指示，电机接线端子（U、V、W）不可接地或短路；交流伺服电机的旋转方向不像感应电动机可以通过交换三相相序来改变，必须保证驱动器上的 U、V、W、E 接线端子与电机主回路接线端子按规定的次序一一对应，否则可能造成驱动器的损坏。电机的接线端子和驱动器的接地端子以及滤波器的接地端子必须保证可靠地连接到同一个接地点上。机身也必须接地。RB1、RB2、RB3 端子是外接放电电阻，MADDT1207003 的规格为 100 Ω/10 W。

（3）X6：连接到电机编码器信号接口，连接电缆应选用带有屏蔽层的双绞电缆，屏蔽层应接到电机侧的接地端子上，并且应确保将编码器电缆屏蔽层连接到插头的外壳（FG）上。

（4）X5：I/O 控制信号端口，其部分引脚信号定义与选择的控制模式有关，不同模式下的接线参考《松下 A 系列伺服电机手册》。所采用的是简化接线方式，如图 6-4 所示。

（5）X3：RS485 通讯口。

（6）X4：RS232 通讯口。

（四）伺服驱动器的参数设置与调整

松下的伺服驱动器有 7 种控制运行方式，即位置控制、速度控制、转矩控制、位置/速度控制、位置/转矩、速度/转矩、全闭环控制。位置控制方式就是输入脉冲串来使电机定位运行，电机转速与脉冲串频率相关，电机转动的角度与脉冲个数相关；速度控制方式有两种，一是通过输入直流－10 V～＋10 V 指令电压调速，二是选用驱动器内设置的内部速度来调速；转矩方式是通过输入直流－10 V～＋10 V 指令电压调节电机的输出转矩，这种方式下运行

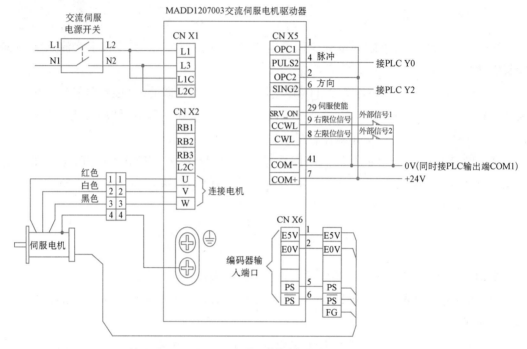

图 6-4 伺服驱动器电气接线图

必须进行速度限制,有如下两种方法:设置驱动器内的参数来限制、输入模拟量电压限速。

(五) 参数设置方式操作说明

MADDT1207003 伺服驱动器的参数共有 128 个,Pr00~Pr7F,可以在驱动器上的面板上设置。

1. 通过驱动器上操作面板完成

各个按钮的说明如表 6-1 所示。

表 6-1 伺服驱动器面板按钮的说明

按键说明	激活条件	功能
MODE	在模式显示时有效	在以下 5 种模式之间切换: 监视器模式;参数设置模式;EEPROM 写入模式;自动调整模式;辅助功能模式
SET	一直有效	用来在模式显示和执行显示之间切换
▲ ▼	仅对小数点闪烁的哪一位数据位有效	改变个模式里的显示内容、更改参数、选择参数或执行选中的操作
◀		把移动的小数点移动到更高位数

2. 面板操作说明

（1）参数设置：先按 SET 键，再按 MODE 键，选择到"Pr00"后，按向上、下或向左的方向键选择通用参数的项目。按 SET 键进入。然后按向上、下或向左的方向键调整参数，调整完后，按 S 键返回。选择其他项再调整。

（2）参数保存：按 M 键选择 EE-SET 后，按 SET 键确认。出现"EEP -"后，按向上键 3 s 钟，出现"FINISH"或"reset"，然后重新上电即保存。

（3）手动 JOG 运行：按 MODE 键选择"AF-ACL"，然后按向上、下键选择"AF-JOG"。按 SET 键一次，显示"JOG -"，然后，按向上键 3 s 显示"ready"，再按向左键 3 s 出现"sur-on"锁紧轴，按向上、下键，点击正反转。注意先将 S-ON 断开。

（六）部分参数说明

伺服驱动装置工作于位置控制模式，FX2N-48MT 的 Y000 输出脉冲作为伺服驱动器的位置指令，脉冲的数量决定伺服电机的旋转位移，脉冲的频率决定了伺服电机的旋转速度。FX2N-48MT 的 Y002 输出信号作为伺服驱动器的方向指令。对于控制要求较为简单，伺服驱动器可采用自动增益调整模式。根据上述要求，伺服驱动器参数设置如表 6-2 所示。

表 6-2 伺服参数设置表格

序号	参数编号	参数名称	设置数值	功能和含义
1	Pr01	LED 初始状态	1	显示电机转速
2	Pr02	控制模式	0	位置控制（相关代码 P）
3	Pr04	行程限位禁止输入无效设置	2	当左或右限位动作，则会发生 Err38 行程限位禁止输入信号出错报警。设置此参数值必须在控制电源断电重启之后才能修改，写入成功
4	Pr20	惯量比	1 678	该值自动调整得到，具体请参 AC
5	Pr21	实时自动增益设置	1	实时自动调整为常规模式，运行时负载惯量的变化很小
6	Pr22	实时自动增益的机械刚性选择	1	此参数值设得越大，响应越快
7	Pr41	指令脉冲旋转方向设置	0	指令脉冲＋指令方向。设置此参数值必须在控制电源断电重启之后才能修改，写入成功
8	Pr42	指令脉冲输入方式	3	指令脉冲＋指令方向 PULS/SIGH H高电平 H低电平

(续表)

序号	参数编号	参数名称	设置数值	功能和含义
9	Pr48	指令脉冲分倍频第1分子	10 000	每转所需指令脉冲数 = 编码器分辨率 × $\dfrac{Pr4B}{Pr48 \times 2^{Pr4A}}$ 现编码器分辨率为 10 000(2 500 p/r×4),参数设置如表,则, 每转所需指令脉冲数 = $10\,000 \times \dfrac{Pr4B}{Pr48 \times 2^{Pr4A}}$ = $10\,000 \times \dfrac{5\,000}{10\,000 \times 2^0}$ = 5 000
10	Pr49	指令脉冲分倍频第2分子	0	
11	Pr4A	指令脉冲分倍频分子倍率	0	
12	Pr4B	指令脉冲分倍频分母	6 000	

注:其他参数的说明及设置请参看松下 A4 系列伺服电机、驱动器使用说明书。

使伺服电机在频率为 1 000 Hz 时旋转 2 周自动停止的梯形图,如图 6-5 所示。

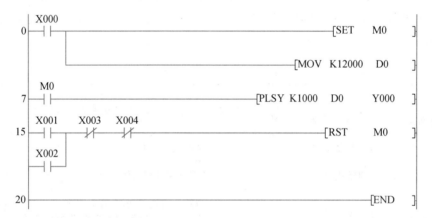

图 6-5 梯形图

程序解释:

(1) X0 为伺服电机的启动按钮。

(2) M0 为中间继电器作用是使 PLSY 执行工作。

(3) X1 为伺服电机的急停按钮。

(4) X2 为伺服电机的复位按钮。

(5) X3 为左限位开关信号(外部信号 2)。

(6) X4 为右限位开关信号(外部信号 1)。

(7) MOV 为传送指令。

(8) PLSY 为脉冲输出。

(9) D0 存放的为总脉冲数。

(10) Y0 高速脉冲输出口。

(11) 当 X0 点动闭合时,中间继电器 M0 线圈通电并保持,同时 MOV 指令将 K12000 传送到数据存储器 D 里面。

(12) 常开触点 M0 闭合,Y0 在频率为 1 000 Hz 下执行 D0 里的数据,高速脉冲输出。当执行完 D0 里的数据,伺服电机自动停止。

(13) 当工作中遇到危险可以闭合 X1,此时 M0 线圈失电常开触点 M0 断开,伺服电机将立即停止。

(14) 当一个工作循环完成,需要进行下次工作时要闭合 X2 复位,此时 M0 线圈失电常开触点 M0 断开,使伺服电机准备下轮工作。

四、实训注意事项

(1) 伺服驱动器的电源接线要正确,按照说明书的要求来接线。

(2) 伺服驱动器的参数设置和保持,当设定好参数后,要断电后重新上电,参数才能修改成功。

(3) 伺服电机要和伺服驱动器配套使用,一定要匹配,否则可能会损坏电机或驱动器。

项目三　伺服驱动器的配线

一、实训目的

(1) 学会 A6 伺服驱动器的接线。
(2) 学会伺服驱动器主线路的接线。

二、实训器材

实训器材包括：A6 伺服驱动器、万用表、伺服电机、接线端子。

三、实训内容及步骤

(一) 伺服驱动器各端子的接线

1. 连接器 X1 的配线(上位 PC 等的连接)

连接电脑和 USB。可进行参数的设定变更和监视等，如表 6-3 所示。

表 6-3　连接电脑和 USB

名称	符号	连接器引脚	内容
USB 信号端子	VBUS	1	在与电脑通信时使用
	D-	2	
	D+	3	
	—	4	请勿连接
	GND	5	已连接至控制电路的接地

注意：驱动器侧的连接器，请使用 USB mini-B。

2. 连接器 X2 的配线(通信连接器的连接)

同时使用多台的时候，连接上位控制器使用。提供 RS232 和 RS485 的接口，如表 6-4 所示。

表 6-4　RS232 和 RS485 的接口

适用	符号	连接器引脚	内容
信号接地	GND	1	不连接控制电路接地
NC	—	2	请勿连接
RS232 信号	TXD	3	RS232 收发信号
	RXD	4	
RS485 信号	485−	5	RS485 收发信号
	485＋	6	
	485−	7	
	485＋	8	
接地外壳	FG	外壳	不连接伺服驱动器内部不连接地线端子

主机（电脑、上位控制器）和 1 台驱动器用 RS232 连接，如图 6-6 所示。

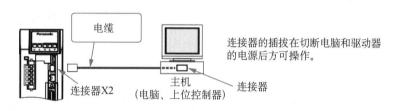

图 6-6　驱动器与 RS232 连接图

使用 RS232 连接主机（电脑、上位控制器）和 1 台驱动器，除此以外的驱动器使用 RS485 相连，则可实现多台驱动器相连，如图 6-7 所示。

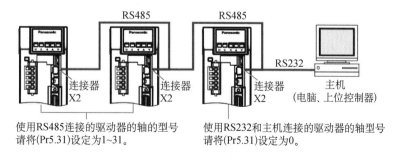

图 6-7　RS485 与 RS232 的连接

即使主机（电脑、上位控制器）和驱动器之间皆使用 RS485 连接，也可实现多台驱动器相互连接，如图 6-8 所示。

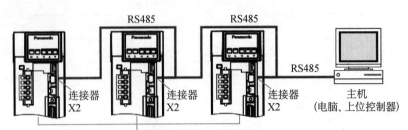

图 6-8 RS485 与 RS485 的连接

3. 连接器 X3 的配线（安全功能连接器）

无需构筑安全电路时，应使用安全旁路插件。驱动器标配的安全旁路插件的配线如表 6-5 所示。

表 6-5 驱动器标配的安全旁路插件

适用	符号	连接器引脚	内容
NC	—	1	请勿作任何连接
	—	2	
安全输入 1	SF1—	3	2 套系统独立的电路，关闭功率模块的驱动信号，切断电源
	SF1+	4	
安全输入 2	SF2—	5	
	SF1+	6	
EDM 输出	EDM—	7	为了监视安全功能故障的监视输出
	EDM+	8	
外壳接地	FG	外壳	在伺服驱动器内部和地线端子相连

引脚接线图如图 6-9 所示。

未构成安全电路时的配线。
使用安全功能时，请勿连接。

图 6-9 X3 接线图

4. 连接器 X4 的配线（与上位控制机器的连接）接线

接线如图 6-10 所示。参照连接和设定 P.3-20 连接器 X4 的配线图、P.3-32 连接器 X4 输入输出的说明。

模块六 步进、伺服电机控制

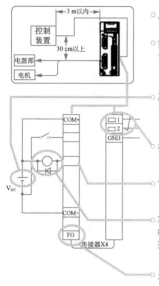

- 上位的控制等外围装置请设置3 m以内。
- 须相距主电路配线30 cm以上。勿穿入套管同绑。
- 准备COM+～COM−之间等控制信号电源(V_{DC})。电压：DC12～24 V
- 指令脉冲输入·编码器信号输入等配线请使用带屏蔽层的双绞线。
- 请勿给控制信号输出端子施加24 V以上的电压以及50 mA以上的电流。
- 在输出控制信号直接驱动继电器时，将继电器并排，如图所示安装二极管。若未安装或者装反的情况下会损坏驱动器。
- 关于外壳接地(FG)以及连接器外壳，在驱动器内部和地线端子相接。

图6-10 X4 配线图

5. 连接器 X5 的配线(与外部位移传感器的连接)

X5 的配线如表 6-6 所示。

表6-6 外部位移传感器的连接

适用	符号	连接器引脚	内容
电源输出	EX5V	1	供给外部位移传感器或 A、B、Z 相编码器的电源
	EX0V	2	与控制电路的 GND 相连
外部位移传感器信号输入输出	EXPS	3	串行信号 收发信号
	/EXPS	4	
A、B、Z 相编码器信号输入	EXA	5	并行信号 收信 对应速度：～4 Mpps(4 倍频后)
	/EXA	6	
	EXB	7	
	/EXB	8	
	EXZ	9	
	/EXZ	10	
外壳接地	FG	外壳	在伺服驱动器内部连接地线端子

连接器(插头)如图 6-11 所示。连接连接器 X5 的配线，如图 6-12 所示。

来自外部位移传感器的信号向外部位移传感器连接器 X5 的配线注意事项：

（1）外部位移传感器用电缆使用线芯为 0.18 mm² 以上的外皮总体屏蔽双绞线电缆。

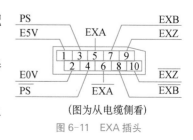

(图为从电缆侧看)

图6-11 EXA 插头

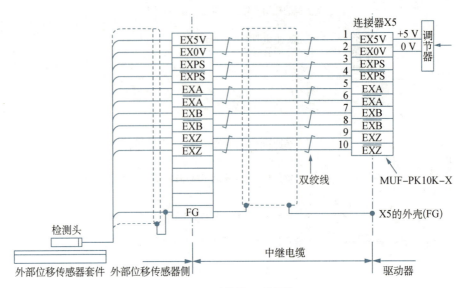

图 6-12 连接器 X5 的配线

(2) 使用电缆长度请控制在 20 m 以内。配线较长时,为减轻电压下降时的影响,5 V 电源推荐使用双配线。

(3) 外部位移传感器的屏蔽外皮与中继电缆的屏蔽层连接。此外,驱动器侧请务必将屏蔽线的外皮与连接器 X5 的壳体(FG)连接。

(4) 配线尽可能远离动力传送电缆(L1、L2、L3、L1C、L2C、U、V、W、⏚)(30 cm 以上)。勿铺设在同一线槽中,也勿捆扎在一起。

(5) 连接器 X5 的空余引脚端请勿连接。

(6) 连接器 X5 提供的电源为 5 V±5% 250 mA MAX。使用除此以外电流的外部位移传感器时,自备电源。此外,外部位移传感器在通电后的初始化花费的时间较长。设计满足接通电源后的动作时机。

(7) 使用外置电源驱动外部位移传感器时,打开 EX5V 引脚。注意勿让外部对此引脚施加电压。此外,外部电源的 0 V(GND)和驱动器的 EX0V(连接器 X5:2 引脚)连接,设置为同电位。

EXA、EXB、EXZ 的输入电路,如图 6-13 所示。

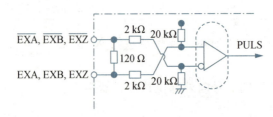

图 6-13 EXA、EXB、EXZ 的输入电路

6. 连接器 X6 的配线(与编码器的连接)

X6 的配线如图 6-14 所示。配线注意事项：驱动器和电机之间的电缆长度在 20 m 以内。与主电路配线需相距 30 cm 以上。勿套入套管一起捆扎。将编码器侧的连接器的输入电源电压设置在 DC 4.90 V～5.25 V 范围内。

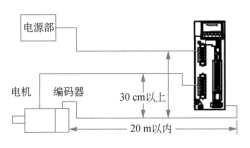

图 6-14　连接器 X6 的配线

需自行制作编码器用中继线时的提示：

(1) 参照配线图 6-15。

(2) 线材：线芯径为 0.18 mm^2(AWG 24)以上的线，并配置有耐弯曲的带屏蔽层的双绞线。

(3) 相对信号/电源的配线使用双绞线。

(4) 屏蔽层处理。

① 驱动器侧的屏蔽层：焊接至连接器 X6 的外壳。

② 电机侧的屏蔽层。

(5) 各连接器多余的端子勿作任何连接。

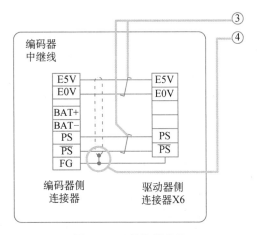

图 6-15　双绞线/屏蔽层

7. 23 位绝对式编码器(作为多回转绝对式编码器使用)

23 位绝对式编码器如图 6-16 所示。

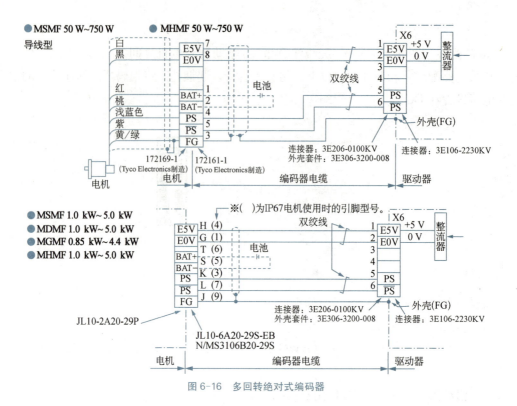

图 6-16 多回转绝对式编码器

8. 23位绝对式编码器（作为单回转绝对式编码器使用）

如图 6-17 所示。

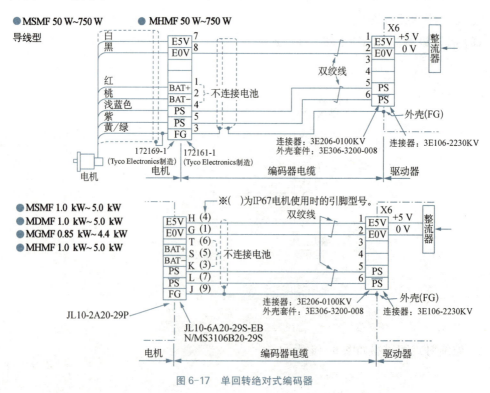

图 6-17 单回转绝对式编码器

（二）伺服驱动器主电路的接线

伺服驱动器主电路的接线如图 6-18 所示。

电源：(1) 三相 200 V－15％～240 V＋10％；(2) 单相 200－240 V±5％。

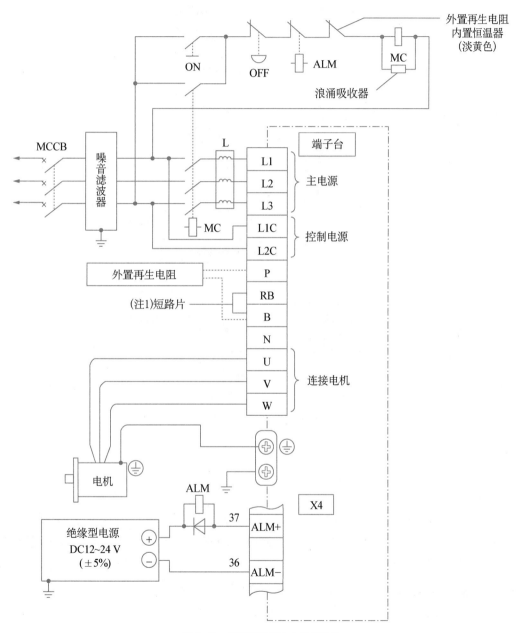

图 6-18　伺服驱动器主电路的接线

伺服驱动器主电路各端口接线含义如图 6-19 所示。

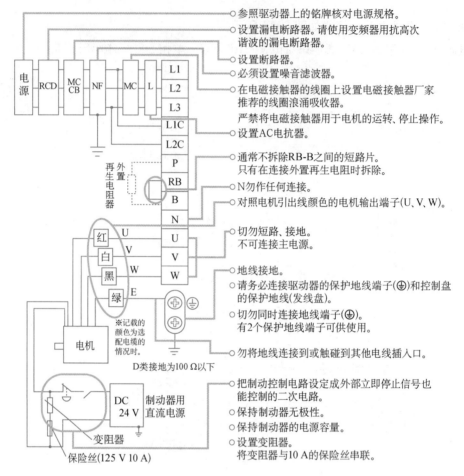

图 6-19　伺服驱动器主电路各端口接线含义

四、实训注意事项

（1）警报发生时，关闭主电源。但是，如果主电源关闭，确认即时停止功能不能使用。

（2）X1～X6 为二次电路，一次电源（控制电源用直流电源 DC24V 和制动器用直流电源 DC24V 以及再生电阻用直流电源 DC24V）之间需要进行绝缘，勿连接相同电源。此外，勿连接地线。反之则会成为输入输出信号错误动作的原因。

（3）控制电源（特别是 DC24V）和外部的操作电源分开使用电源。特别注意勿将两个电源的地线相互连接。

（4）信号线使用屏蔽线，屏蔽线两端接地。

项目四　伺服电机的试运转

一、实训目的

(1) 学会使用软件调试电动机的试运转。
(2) 学会使用 X4 端子调试速度、位置、转矩模式的调试运转。
(3) 学会电机旋转速度和输入脉冲频率的设定。

二、实训器材

实训器材包括:伺服驱动器、伺服电机、计算机、PANATERM ver.6.0 软件。

三、实训内容及步骤

(一) 试运转前的检查

试运转前的检查如图 6-20 所示。
(1) 配线的检查。
① 是否有错误(特别是电源输入、电机输出)。
② 确认是否短路、地线。
③ 连接部分是否松动。
(2) 电源电压的确认:是否为额定电压。
(3) 电机的固定:是否稳定。
(4) 机械系的分离。
(5) 制动器解除。
(6) 试运转结束时,按键 S 伺服关闭。

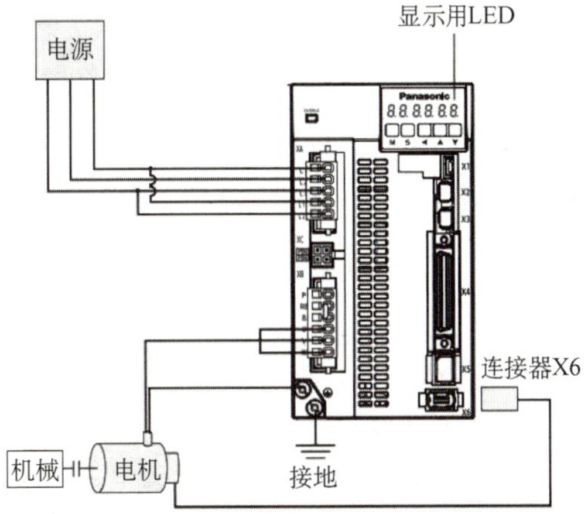

(二) 试运转

图 6-20　试运转检查

连接连接器 X4,试运转。

1. 位置控制模式的试运转

位置控制模式配线如图 6-21 所示,参数见表 6-7,输入信号状态见表 6-8。

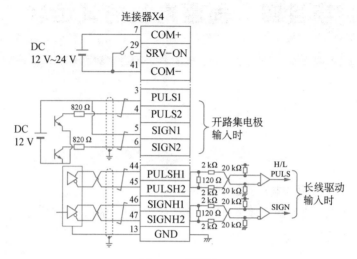

图 6-21 配线图

表 6-7 参数

Pr	参数的名称	设定值
0.01	控制模式设定	0
5.04	驱动禁止输入设定	1
0.05	指令脉冲输入选择	任意
0.07	指令脉冲输入模式选择	1
5.18	指令脉冲禁止输入无效设定	1
5.17	计数器清零输入设定	2

表 6-8 输入信号状态

No.	输入信号名称	监视器显示
0	伺服使能开启	＋A

(1) 连接连接器 X4。

(2) 控制用信号(COM＋,COM－)输入电源(DC 12～DC 24 V)。

(3) 接通电源(驱动器)。

(4) 确认参数标准设定值。

(5) Pr0.07(指令脉冲输入模式设定)下须与上位装置的输出形态吻合。

(6) 写入 EEPROM,电源(驱动器)由 OFF→ON。

(7) 连接伺服 ON 输入(SRV-ON)和 COM－(连接器 X4 41PIN),呈伺服 ON 状态,将电机置于励磁状态。

(8) 从上位装置输入低频率的脉冲信号进行低速运转。

(9) 监视模式下确认电机转速。

① 转速是否和设定一样。

② 停止指令(脉冲)后电机是否停止。

2. 速度控制模式的试运转

速度控制模式配线如图 6-22 所示,参数见表 6-9,输入信号状态见表 6-10。

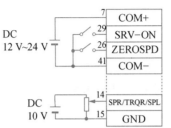

图 6-22 配线图

表 6-9 参数

Pr	参数的名称	设定值
0.01	控制模式设定	1
5.04	驱动进制输入设定	1
3.15	零速度箝位功能选择	1
3.00	速度设定内外切换	必要时,请设定
3.01	速度指令方向指定选择	
3.02	速度指令输入增益	
3.03	速度指令输入反转	
4.22	模拟输入 1(AI1)零漂	
4.23	模拟输入 1(AI1)滤波器设定	

表 6-10 输入信号状态

No.	输入信号名称	监视器显示
0	伺服开启	+A
5	零速箝位	—

(1) 连接连接器 X4。

(2) 在控制用信号(COM+,COM−)输入电源(DC 12~DC 24 V)。

(3) 接通电源(驱动器)。

(4) 确认参数标准设定值。

(5) 连接伺服使能开启输入(SRV-ON 连接器 X4 29 PIN)和 COM−(连接器 X4 41 PIN),呈伺服使能开启状态,将电机置于励磁状态。

(6) 关闭零速度箝位输入 ZEROSPD,将速度指令输入 SPR(连接器 X4 14 PIN)和 GND(连接器 X4 15 PIN)之间的直流电压从 0 V 逐渐提高,确认电机旋转状态。

(7) 在监视模式下确认电机旋转速度。

① 旋转速度是否和设定一样。

② 指令为 0 时,电机是否停止。

(8) 指令电压为 0 V 时电机微速度旋转状态下,补足指令电压。

(9) 变更旋转速度、旋转方向时,需再次设定以下参数。

Pr3.00:速度设定内外切换
Pr3.01:速度指令方向指定选择 ⎫ 速度·转矩控制相关参数。
Pr3.03:速度指令输入反转 ⎭

3. 转矩控制模式的试运转

转矩控制模式配线如图 6-23 所示,参数见表 6-11,输入信号状态见表 6-12。

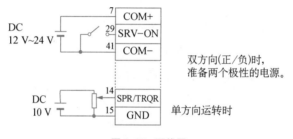

图 6-23 配线图

表 6-11 参数

Pr	参数的名称	设定值
0.01	控制模式设定	2
5.04	驱动禁止输入设定	1
3.15	零速度箝位功能选择	0
3.17	转矩指令选择	0
3.19	转矩指令输入增益	必要时,请设定
3.20	转矩指令输入反转	必要时,请设定
3.21	速度限制值 1	低值

表 6-12 输入信号状态

No.	输入信号名称	监视器显示
0	伺服开启	+A
5	零速度箝位	—

(1) 连接连接器 X4。

(2) 在控制用信号(COM+,COM-)输入电源(DC 12~DC 24 V)。

(3) 接通电源(驱动器)。

(4) 确认参数标准设定值。

(5) 将Pr3.07(速度设定第4速)设定为低数值。

(6) 连接伺服使能开启输入(SRV-ON 连接器 X4 29PIN)和COM-(连接器 X4 41PIN),呈伺服使能开启状态,将电机置于励磁状态。

(7) 在转矩指令输入 TRQR(连接器 X4 14PIN)和 GND(连接器 X4 15PIN)之间施加正负得直流电压,确认电机在 Pr3.07 的设定下向正/负方向旋转。

(8) 变更指令电压的转矩大小、方向、速度限制数值时需设定以下的参数。

Pr3.19:转矩指令输入增益
Pr3.20:转矩指令输入反转 } 速度·转矩控制相关参数。
Pr3.21:速度限制值 1

(三) 电机旋转速度和输入脉冲频率的设定

位置控制状态下用 Pr0.08 设定时,编码器分辨率自动设定到分子。全闭环控制状态下可无视 Pr0.08 的设定,通常用 Pr0.09、Pr0.10 的设定进行动作,见表 6-13。

表 6-13 Pr0.08 设定

输入脉冲频率/pps	电机旋转速度/(r/min)	Pr0.08
		23bit
2 M	3 000	$\dfrac{2^{23}}{40000}$
500 k	3 000	$\dfrac{2^{23}}{10000}$
250 k	3 000	$\dfrac{2^{23}}{5000}$
100 k	3 000	$\dfrac{2^{23}}{2000}$
500 k	1 500	$\dfrac{2^{23}}{20000}$

最大输入脉冲频率根据输入端子的不同会有差别。

(1) 设定值可在分母、分子的任意数值进行设定,但设定的分频比或者倍频比数值极端时,将不保证其动作。

(2) 分频。倍频的范围为 1/1 000~8 000 倍。

此外,即使在上述范围内,倍频比较高时,会由于脉冲输入的偏差或者噪声,可能导致发生 Err27.2(指令脉冲倍频异常保护)。

位置控制时,用分子/分母设定指令分倍频比时 Pr0.08＝0,用 Pr0.09/Pr0.10 设定。全闭环控制时,无视 Pr0.08 的设定,通常用 Pr0.09、Pr0.10 的设定运作。例如图 6-24 所示,总和减速比 18/365 的负载下,可使输出轴旋转 60°。

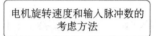
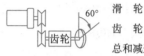

滑 轮 比: $\dfrac{18}{60}$

齿 轮 比: $\dfrac{12}{73}$

总和减速比: $\dfrac{18}{365}$

编码器			
23bit			
Pr0.09	9568256		
Pr0.10	3375		
指令脉冲	从客户的上位控制器输入 10 000 脉冲的指令脉冲到驱动器时,输出轴旋转 60°。		
参数的决定方法	$\dfrac{365}{18}\times\dfrac{1\times 2^{23}}{10\ 000}\times\dfrac{60°}{360°}=\dfrac{9568256}{3375}$		

2^n	10 进制	2^n	10 进制
2^0	1	2^{12}	4 096
2^1	2	2^{13}	8 192
2^2	4	2^{14}	16 384
2^3	8	2^{15}	32 768
2^4	16	2^{16}	65 536
2^5	32	2^{17}	131 072
2^6	64	2^{18}	262 144
2^7	128	2^{19}	524 288
2^8	256	2^{20}	1 048 576
2^9	512	2^{21}	2 097 152
2^{10}	1 024	2^{22}	4 194 304
2^{11}	2 048	2^{23}	8 388 608

图 6-24　Pr0.09、Pr0.10 设定运作

四、实训注意事项

(1) 电源的配置,注意驱动器的供电电源。
(2) 3 种模式的设定。
(3) 电子齿轮的设定。

模块七

典型机床控制线路的故障分析

项目一　普通车床(CA6140)控制线路分析及故障排查

一、实训目的

(1) 学会看懂 CA6140 车床控制线路图,并能分析电路的工作过程。
(2) 学会排查 CA6140 车床出现的故障及修复故障。

二、实训器材

实训器材包括:测电笔、电工刀、剥线钳、尖嘴钳、螺丝刀、万用表、500 V 型兆欧表。

三、实训内容及步骤

(一) CA6140 车床外形图

CA6140 车床外形图如图 7-1 所示。CA6140 型普通车床的主要组成部件有主轴箱、进给箱、溜板箱、刀架、尾座、光杠、丝杠和床身。

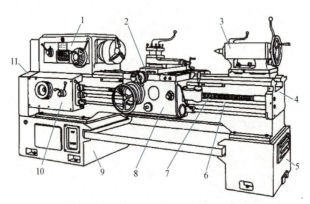

1—主轴箱;2—刀架;3—尾座;4—床身;5,9—床腿;
6—光杠;7—丝杠;8—溜板箱;10—进给箱;11—挂轮
图 7-1　CA6140 车床外形图

(1) 主轴箱。固定在机床身的左端,装在主轴箱中的主轴,通过夹盘等夹具来装夹工件。主轴箱的功用是支撑主轴并把电动机的转动传递到主轴上,使主轴带动工件按照规定的转速旋转。

（2）床鞍和刀架部件。位于床身的中部，并可沿床身上的刀架轨道做纵向移动。刀架部件位于床鞍上，其功能是装夹车刀，并使车刀做纵向、横向或斜向运动。

（3）尾座。位于床身的尾座轨道上，并可沿导轨纵向调整位置。尾座的功能是用后顶尖支撑工件。在尾座上还可以安装钻头等加工刀具，用来进行孔加工。

（4）进给箱。固定在床身的左前侧、主轴箱的底部。其功能是改变被加工螺纹的螺距或机动进给的进给量。

（5）溜板箱。固定在刀架部件的底部，可带动刀架一起做纵向、横向进给、快速移动或螺纹加工。在溜板箱上装有各种操作手柄及按钮，工作时工人可以方便地利用它操作机床。

（6）床身。床身固定在左床腿和右床腿上。床身是机床的基本支撑件。在床身上安装着机床的各个主要部件，工作时床身使它们保持准确的相对位置。

（二）CA6140 型车床的线路分析

CA6140 卧式车床电气原理图如图 7-2 所示。

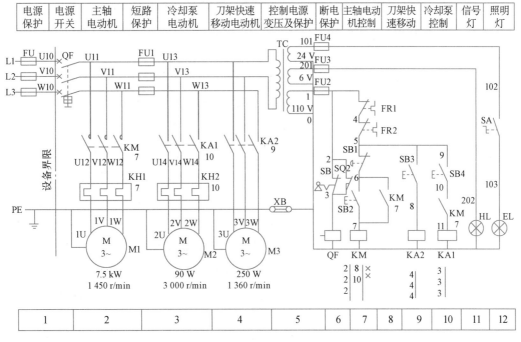

图 7-2　CA6140 卧式车床电气原理图

1. 主电路

三相电源 L1、L2、L3 由低压断路器 QF 控制电气线路，主电路有 3 台电动机。M1 为主轴电动机，拖动主轴对工件进行车削加工，是主运动和进给运动电动机，由接触器 KM1 的主触点控制，热继电器 FR1 作过载保护。M1 的短路保护由 QF 的电磁脱扣器实现。电动机 M1 只需正转,而主轴的正反转由摩擦离合器改变传动链来实现。M2 为冷却泵电动机,带动冷却泵供给刀具和工件的冷却液。它由接触器 KA1 的触点控制,热继电器 FR2 做过载保护,熔断器 FU1 做短路保护。M3 为刀架快速移动电动机,带动刀架快速移动,由 KA2 的触点控制。由于 M3 的容量较小,因此不需要做过载保护。

2. 电气控制线路

(1) M1 主电机。

M1 启动:

按下SB2 → KM1 线圈得电 → KM1常开辅助触头闭合,自锁。
　　　　　　　　　　　　　→ 主触头闭合,M1通电启动。
　　　　　　　　　　　　　→ 另一长开辅助触头闭合,为冷却泵电动机工作做准备。

M1 停止:

按下SB1 → KM1线圈失电 → 常开辅助触头分断,失去自锁。
　　　　　　　　　　　　　→ 主触头分断,M1断电停止运转。
　　　　　　　　　　　　　→ 另一常开辅助触头分断,冷却泵不能工作。

(2) M2 冷却泵电机:先启动主轴电动机 M1,即 KM1 常开触点闭合,然后合上旋转开关 SB4,冷却电动机 M2 才能启动运行,按下 SB1 停止 M1 同时,冷却泵电动机 M2 也自行停止运行。

(3) M3 刀架快速移动电动机。

M3 启动:按下 SB3→KA2 线圈得电→M3 开始工作。
M3 停止:松开 SB3→KA2 线圈失电→M3 停止工作。

(4) 信号灯和照明等电路:信号灯和照明的电源由控制变压器 TC 提供。信号灯电路采用 6 V 交流电压,信号灯 HL 接在 TC 二次侧的 6 V 线圈上,信号灯亮,表示控制电路有电。照明电路采用 24 V 交流电压,照明电路由钮子开关 SA 和指示灯 EL 组成。指示灯 EL 的另一端必须接地,以防止照明变压器一、二次绕组间发生短路时可能发生的触电事故。熔断器 FU3、FU4 分别做信号灯和照明电路的短路保护。

3. 机床电气故障处理方法——电压的分阶测量法

用电压分阶测量法检修电气故障时,首先将万用表的量程置于交流电压 500 V 挡,如图 7-3 所示。电压分阶测量的电压值及故障点如表 7-1 所示。

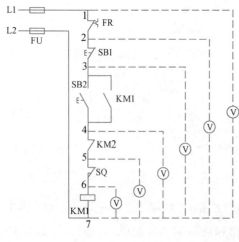

图 7-3 电压分阶测量法

表 7-1　电压分阶测量法所测电压值及故障点　　　　　　　　（单位：V）

故障现象	测试状态	1-7	2-7	3-7	4-7	5-7	6-7	故障点
按下 SB2，KM1 不吸合	按下 SB2 不放	0	0	0	0	0	0	没有电源（FU 熔断）
		110	0	0	0	0	0	FR 常闭触点接触不良
		110	110	0	0	0	0	SB1 常闭触点接触不良
		110	110	110	0	0	0	SB2 触点接触不良
		110	110	110	110	0	0	KM2 常闭触点接触不良
		110	110	110	110	110	0	SQ 常闭触点接触不良
		110	110	110	110	110	110	KM1 线圈断路

（三）技能考核

技能考核如表 7-2 所示。

表 7-2　技能考核

序号	主要内容	考核要求	配分	扣分	得分
1	故障分析	① 标不出故障线段或错标在故障回路以外，每个故障点扣 15 分 ② 不能标出最小故障范围，每个点扣 5～10 分	30		
2	故障排除	① 停电不验电扣 5 分 ② 工具及仪表使用不正确，每次扣 5 分 ③ 排除故障方法不正确，扣 10 分 ④ 损坏电器元件，每个扣 30 分 ⑤ 不能排查故障点，每个扣 30 分 ⑥ 产生新故障或扩大故障范围，每个扣 40 分	60		
3	安全文明生产	① 防护用品穿戴不齐全扣 5 分 ② 检修结束后未恢复原状扣 5 分 ③ 检修中丢失零件扣 5 分 ④ 出现短路或触电扣 10 分	10		
4	时间	超出规定时间，每 10 分钟扣 5 分			
	合　计		100		

四、实训注意事项

（1）熟悉 CA6140 车床电气控制线路的基本环节及控制要求，认真观摩教师示范检修。

（2）检修时所用的工具、仪表应符合使用要求。

（3）排除故障时，必须修复故障点，但不得采用元件代换。

（4）检修时，严禁扩大故障范围或产生新的故障。

（5）带电检修时，必须有指导教师监护，以确保安全。

项目二 X62W铣床电气控制单元常见故障分析及故障排查

一、实训目的

(1) 加深对X62W铣床控制线路工作原理的认识。
(2) 学习X62W铣床控制线路的制作。

二、实训器材

实训器材包括:螺丝刀、电工钳、剥线钳、尖嘴钳、万用表。

三、实训内容及步骤

(一) X62W型万能铣床的外形结构

如图7-4所示,它主要由床身、主轴、刀杆、悬梁、工作台、回转盘、横溜板、升降台、底座等几部分组成。在床身的前面有垂直导轨,升降台可沿着它上下移动。在升降台上面的水平导轨上,装有可在平行主轴轴线方向移动(前后移动)的溜板。溜板上部有可转动的回转盘,工作台就在溜板上部回转盘上的导轨上,做垂直于主轴轴线方向移动(左右移动)。工

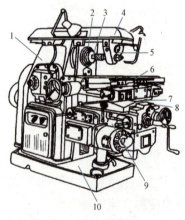

1—床身(立柱);2—主轴;3—刀杆;4—悬梁;5—支架;
6—工作台;7—回转盘;8—横溜板;9—升降台;10—底座

图7-4 铣床外部结构图

作台上有T形槽用来固定工件。这样,安装在工作台上的工件就可以在3个坐标上的6个方向调整位置或进给。

铣床主轴带动铣刀的旋转运动是主运动;铣床工作台的前后(横向)、左右(纵向)和上下(垂直)6个方向的运动是进给运动;铣床其他的运动,如工作台的旋转运动、在各个方向的快速移动则属于辅助运动。

(二) X62W万能铣床特点及控制要求

(1) 铣削加工有顺铣和逆铣两种加工方式,要求主轴电动机能正反转,因正反操作并不频繁,所以由床身下侧电器箱上的组合开关改变电源相序来实现正反操作。

(2) 由于主轴传动系统中装有避免振荡的惯性轮,故主轴电动机采用电磁离合器制动以实现准确停车。

(3) 铣床的工作台要求有前后、左右、上下6个方向的进给运动和快速移动,所以也要求进给电动机能正反转,并通过操作手柄和机械离合器相配合来实现。进给的快速移动通过电磁铁和机械挂挡来完成。圆形工作台的回转运动由进给电动机经传动机构驱动。

(4) 根据加工工艺的要求,X62W铣床应具有以下的电气联锁措施:为了防止损坏刀具和铣床,只有主轴旋转后才允许有进给运动和进给方向的快速运动;为了减小加工表面的粗糙度,只有进给停止后,主轴才能停止或同时停止。X62W铣床采用机械操纵手柄和位置开关相配合的方式实现进给运动6个方向的连锁。主轴运动和进给运动采用变速盘进行速度选择,为保证变速齿轮进入良好的啮合状态,两种运动都要求变速后顺时点动。当主轴电动机或冷却泵过载时,进给运动必须立即停止,以免损坏刀具和铣床。

(5) 要求有冷却系统、照明设备及各种保护措施。

(三) 电路分析

1. 主轴电动机的控制

控制线路的启动按钮SB1和SB2是异地控制按钮,方便操作。SB3和SB4是停止按钮。KM3是主轴电动机M1的启动接触器,KM2是主轴反接制动接触器,SQ7是主轴变速冲动开关,KS是速度继电器。

(1) 主轴电动机的启动:启动前先合上电源开关QS,再把主轴转换开关SA5扳到所需要的旋转方向;然后,按启动按钮SB1(或SB2),接触器KM3获电动作,其主触点闭合,主轴电动机M1启动。

(2) 主轴电动机的停车制动:当铣削完毕,需要主轴电动机M1停车。此时,电动机M1运转速度在120 r/min以上时,速度继电器KS的常开触点闭合(9区或10区),为停车制动做好准备。当要M1停车时,就按下停止按钮SB3(或SB4),KM3断电释放,由于KM3主触点断开,电动机M1断电做惯性运转。紧接着接触器KM2线圈获电吸合,电动机

M1 串电阻 R 反接制动。当转速降至 120 r/min 以下时,速度继电器 KS 常开触点断开,接触器 KM2 断电释放,停车反接制动结束。

2. 主轴的冲动控制

当需要主轴冲动时,按下冲动开关 SQ7。SQ7 的常闭触点 SQ7-2 先断开,而后常开触点 SQ7-1 闭合,使接触器 KM2 通电吸合,电动机 M1 启动,冲动完成。

(1) 工作台进给电动机控制:转换开关 SA1 是控制圆工作台的,在不需要圆工作台运动时,转换开关扳到"断开"位置,此时 SA1-1 闭合,SA1-2 断开,SA1-3 闭合;当需要圆工作台运动时将转换开关扳到"接通"位置,则 SA1-1 断开,SA1-2 闭合,SA1-3 断开。

(2) 工作台纵向进给:工作台的左右(纵向)运动是由装在床身两侧的转换开关跟开关 SQ1、SQ2 来完成。需要进给时把转换开关扳到"纵向"位置,按下开关 SQ1,常开触点 SQ1-1 闭合,常闭触点 SQ1-2 断开,接触器 KM4 通电吸合电动机 M2 正转,工作台向右运动;当工作台要向左运动时,按下开关 SQ2,常开触点 SQ2-1 闭合,常闭触点 SQ2-2 断开,接触器 KM5 通电吸合电动机 M2 反转,工作台向左运动。在工作台上设置有一块挡铁,两边各设置有一个行程开关,当工作台纵向运动到极限位置时,挡铁撞到位置开关,工作台停止运动,从而实现纵向运动的终端保护。

(3) 工作台升降和横向(前后)进给:由于本产品无机械机构,不能完成复杂的机械传动,方向进给只能通过操纵装在床身两侧的转换开关跟开关 SQ3、SQ4 来完成工作台上下和前后运动。在工作台上也分别设置有一块挡铁,两边各设置有一个行程开关,当工作台升降和横向运动到极限位置时,挡铁撞到位置开关工作台停止运动,从而实现纵向运动的终端保护。

① 工作台向上(下)运动。在主轴电机启动后,把装在床身一侧的转换开关扳到"升降"位置,再按下按钮 SQ3(SQ4),SQ3(SQ4) 常开触点闭合,SQ3(SQ4) 常闭触点断开,接触器 KM4(KM5) 通电吸合电动机 M2 正(反)转,工作台向下(上)运动。到达想要的位置时松开按钮,工作台停止运动。

② 工作台向前(后)运动。在主轴电机启动后,把装在床身一侧的转换开关扳到"横向"位置,再按下按钮 SQ3(SQ4),SQ3(SQ4) 常开触点闭合,SQ3(SQ4) 常闭触点断开,接触器 KM4(KM5) 通电吸合电动机 M2 正(反)转,工作台向前(后)运动。到达想要的位置时松开按钮,工作台停止运动。

3. 联锁问题

真实机床如果在上下前后 4 个方向进给时,同时操作纵向控制这两个方向的进给,将造成机床重大事故,所以必须联锁保护。当上下前后 4 个方向进给时,若操作杆向任一方向,SQ1-2 或 SQ2-2 两个开关中的一个被压开,接触器 KM4(KM5) 立刻失电,电动机 M2 停转,从而得到保护。

同理,当纵向操作时又操作某一方向而选择了向左或向右进给,SQ1 或 SQ2 被压,它们的常闭触点 SQ1-2 或 SQ2-2 是断开的,接触器 KM4 或 KM5 都由 SQ3-2 和 SQ4-2 接通。

若发生误操作,而选择上、下、前、后某一方向的进给,就一定使 SQ3-2 或 SQ4-2 断开,使 KM4 或 KM5 断电释放,电动机 M2 停止运转,避免了机床事故。

(1) 进给冲动:真实机床为使齿轮进入良好的啮合状态,将变速盘向里推。在推进时,挡块压动位置开关 SQ6,首先使常闭触点 SQ6-2 断开,然后常开触点 SQ6-1 闭合,接触器 KM4 通电吸合,电动机 M2 启动。但它并未转起来,位置开关 SQ6 已复位。首先断开 SQ6-1,而后闭合 SQ6-2。接触器 KM4 失电,电动机失电停转。这样使电动机接通一下电源,齿轮系统产生一次抖动,使齿轮啮合顺利进行。要冲动时按下冲动开关 SQ6,模拟冲动。

(2) 工作台的快速移动:在工作台向某个方向运动时,按下按钮 SB5 或 SB6(两地控制),接触器闭合 KM6 通电吸合。它的常开触点(4区)闭合,电磁铁 YB 通电(指示灯亮)模拟快速进给。

(3) 圆工作台的控制:把圆工作台控制开关 SA1 扳到"接通"位置。此时 SA1-1 断开,SA1-2 接通,SA1-3 断开,主轴电动机启动后,圆工作台即开始工作。其控制电路是:电源—SQ4-2—SQ3-2—SQ1-2—SQ2-2—SA1-2—KM4 线圈—电源。接触器 KM4 通电吸合,电动机 M2 运转。

真实铣床为了扩大机床的加工能力,可在机床上安装附件圆工作台,这样可以进行圆弧或凸轮的铣削加工。拖动时,所有进给系统均停止工作,只让圆工作台绕轴心回转。该电动带动一根专用轴,使圆工作台绕轴心回转,铣刀铣出圆弧。在圆工作台开动时,其余进给一律不准运动。若有误操作动了某个方向的进给,则必然会使开关 SQ1～SQ4 中的某一个常闭触点断开,使电动机停转,避免机床事故的发生。按下主轴停止按钮 SB3 或 SB4,主轴停转,圆工作台也停转。

4. 冷却照明控制

要启动冷却泵时扳开关 SA3,接触器 KM1 通电吸合,电动机 M3 运转冷却泵启动。机床照明由变压器 T 供给 36 V 电压,工作灯由 SA4 控制。

(四) X62W铣床电路原理图

X62W铣床电路原理如图 7-5 所示。

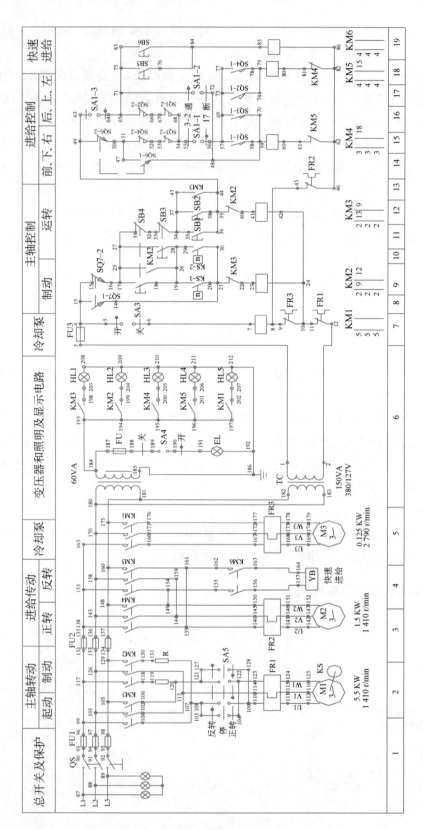

图 7-5 X62W铣床电路原理图

(五)机床电气故障处理方法——电阻分阶测量法

电阻测量法指通过用万用表测量机床电气线路上某两点间的电阻值来判断故障点的范围或故障元件的方法,也分为电阻分阶测量法和电阻分段测量法。

用电阻分阶测量法检修电气故障(如图 7-6 所示)时,首先将万用表的量程置于电阻挡 R×10 或 R×100 挡,电阻分阶测量的电阻值及故障点如表 7-3 所示。

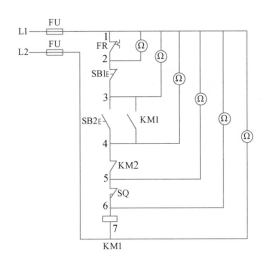

图 7-6 电阻分阶测量法

表 7-3 电阻分阶测量法所测电压值及故障点

故障现象	测试状态	1-2	1-3	1-4	1-5	1-6	1-7	故障点
按下 SB2,KM1 不吸合	切断电源,按下 SB2 不放	∞	×	×	×	×	×	FR 常闭触点接触不良
		0	∞	×	×	×	×	SB1 常闭触点接触不良
		0	0	∞	×	×	×	SB2 触点接触不良
		0	0	0	∞	×	×	KM2 常闭触点接触不良
		0	0	0	0	∞	×	SQ 常闭触点接触不良
		0	0	0	0	0	∞	KM1 线圈断路
		0	0	0	0	0	R	FU 熔断

(六)技能考核

技能考核如表 7-4 所示。

表 7-4 技能考核

序号	主要内容	考核要求	配分	扣分	得分
1	故障分析	① 标不出故障线段或错标在故障回路以外，每个故障点扣 15 分 ② 不能标出最小故障范围，每个点扣 5~10 分	30		
2	故障排除	① 停电不验电扣 5 分 ② 工具及仪表使用不正确，每次扣 5 分 ③ 排除故障方法不正确，扣 10 分 ④ 损坏电器元件，每个扣 30 分 ⑤ 不能排查故障点，每个扣 30 分 ⑥ 产生新故障或扩大故障范围，每个扣 40 分	60		
3	安全文明生产	① 防护用品穿戴不齐全扣 5 分 ② 检修结束后未恢复原状扣 5 分 ③ 检修中丢失零件扣 5 分 ④ 出现短路或触电扣 10 分	10		
4	时间	超出规定时间，每 10 分钟扣 5 分			
	合　计		100		

四、实训注意事项

（1）熟悉 X62W 万能铣床电气控制线路的基本环节及控制要求，认真观摩教师示范检修。

（2）检修时所用工具、仪表应符合使用要求。

（3）排除故障时，必须修复故障点，但不得采用元件代换。

（4）检修时，严禁扩大故障范围或产生新的故障。

（5）带电检修时，必须有指导教师监护，以确保安全。

项目三 T68 镗床电气控制单元常见故障分析及故障排查

一、实训目的

(1) 加深对 T68 镗床线路工作原理的认识。
(2) 学习 T68 镗床线路的制作。

二、实训器材

实训器材包括:螺丝刀、电工钳、剥线钳、尖嘴钳、万用表。

三、实训内容及步骤

(一) T68 型镗床的主要结构

T68 型镗床主要由床身、前立柱、镗头架、工作台和带尾架的后立柱等部分组成。其结构如图 7-7 所示。

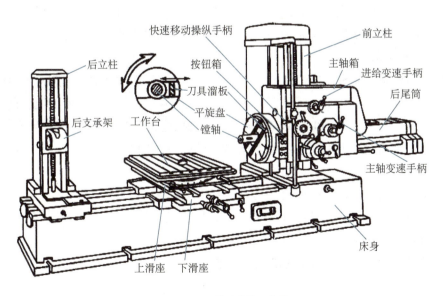

图 7-7 T68 镗床结构示意图

(1) 床身：用于固定工作台、前立柱和后立柱。

(2) 工作台：工作台在上溜板上可做回转运动，上溜板可沿下溜板上的导轨做横向运动，而下溜板可沿床身上的导轨做纵向运动。

(3) 前立柱：在前立柱的垂直导轨上装有镗头架，它可上下移动。在镗头架上集中了镗轴、变速箱、进给箱与操纵机构等部件。

(4) 后立柱：后立柱可沿床身导轨在镗轴轴线方向水平移动。后立柱上的尾架用于支撑镗杆的末端，可沿后立柱上的导轨上下移动，但必须与镗头架的移动同步。

(二) T68 镗床的运动形式

(1) 主运动：镗杆（主轴）旋转或平旋盘（花盘）旋转。

(2) 进给运动：主轴的轴向（进、出）移动，主轴箱（镗头架）的垂直（上、下）移动，花盘刀具溜板的径向移动，工作台的纵向（前、后）和横向（左、右）移动。

(3) 辅助运动：工作台的旋转运动，后立柱的水平移动和尾架垂直移动。

主体运动和各种常速进给由主轴电机 M1 驱动，各部分的快速进给运动由快速进给电机 M2 驱动。

(三) 电路分析

1. 主轴电动机 M1 的控制

按下正转按钮 SB3，接触器 KM1 线圈得吸合，主触点闭合（此时开关 SQ2 已闭合），KM1 的常开触点（8 区和 13 区）闭合，接触器 KM3 线圈获电吸合，接触器主触点闭合，制动电磁铁 YB 得电松开（指示灯亮），电动机 M1 接成三角形正向起动。反转时只需按下反转起动按钮 SB2，动作原理同上，所不同的是接触器 KM2 获电吸合。

2. 主轴电机 M1 的点动控制

按下正向点动按钮 SB4，接触器 KM1 线圈获电吸合，KM1 常开触点（8 区和 13 区）闭合，接触器 KM3 线圈获电吸合。而不同于正转的是按钮 SB4 的常闭触点切断了接触器 KM1 的自锁，只能点动。这样 KM1 和 KM3 的主触点闭合便使电动机 M1 接成三角形点动。

同理按下反向点动按钮 SB5，接触器 KM2 和 KM3 线圈获电吸合，M1 反向点动。

3. 主轴电动机 M1 的停车制动

当电动机正处于正转运转时，按下停止按钮 SB1，接触器 KM1 线圈断电释放，KM1 的常开触点（8 区和 13 区）闭合，因断电而断开，KM3 也断电释放。制动电磁铁 YB 因失电而制动，电动机 M1 制动停车。

同理反转制动只需按下制动按钮 SB1，动作原理同上，所不同的是接触器 KM2 反转制动停车。

4. 主轴电动机 M1 的高、低速控制

若选择电动机 M1 低速运行，可通过变速手柄使变速开关 SQ1（16 区）处于断开低速位置,相应的时间继电器 KT 线圈也断电,电动机 M1 只能由接触器 KM3 接成三角形连接,低速运动。

如果需要电动机高速运行,应首先通过变速手柄使变速开关 SQ1 压合,接通处于高速位置;然后,按正转启动按钮 SB3(或反转启动按钮 SB2),时间继电器 KT 线圈获电吸合。由于 KT 两副触点延时动作,故 KM3 线圈先获电吸合,电动机 M1 接成三角形,低速启动。以后 KT 的常闭触点(13 区)延时断开,KM3 线较断电释放,KT 的常开触点(14 区)延时闭合,KM4、KM5 线圈获电吸合,电动机 M1 接成 YY 连接,以高速运行。

5. 快速移动电动机 M2 的控制

控制主轴的轴向进给、主轴箱的垂直进给、工作台的纵向和横向进给等的快速移动。无机械机构,不能完成复杂的机械传动的方向进给,只能通过操纵装在床身的转换开关跟开关 SQ5、SQ6 来共同完成工作台的横向和前后、主轴箱的升降控制。在工作台上 6 个方向各设置一个行程开关,当工作台纵向、横向和升降运动到极限位置时,挡铁撞到位置开关工作台停止运动,从而实现纵终端保护。

(1) 主轴箱升降运动。首先将床身上的转换开关扳到"升降"位置,扳动开关 SQ5(SQ6),SQ5(SQ6)常开触点闭合,SQ5(SQ6)常闭触点断开,接触器 KM7(KM6)通电吸合电动机 M2 反(正)转,主轴箱向下(上)运动。到了想要的位置时,扳回开关 SQ5(SQ6),主轴箱停止运动。

(2) 工作台横向运动。首先将床身上的转换开关扳到"横向"位置,扳动开关 SQ5(SQ6),SQ5(SQ6)常开触点闭合,SQ5(SQ6)常闭触点断开,接触器 KM7(KM6)通电吸合电动机 M2 反(正)转,工作台横向运动。到了想要的位置时,扳回开关 SQ5(SQ6),工作台横向停止运动。

(3) 工作台纵向运动。首先将床身上的转换开关扳到"纵向"位置,扳动开关 SQ5(SQ6),SQ5(SQ6)常开触点闭合,SQ5(SQ6)常闭触点断开,接触器 KM7(KM6)通电吸合电动机 M2 反(正)转,工作台纵向运动,到了想要的位置时扳回开关 SQ5(SQ6)工作台纵向停止运动。

6. 联锁保护

真实机床在为了防止工作台或主轴箱自动快速进给时又将主轴进给手柄扳到自动快速进给的误操作,就采用了与工作台和主轴箱进给手柄有机械连接的行程开关 SQ3。当上述手柄扳在工作台(或主轴箱)自动快速进给的位置时,SQ3 被压断开。同样,在主轴箱上还装有另一个行程开关 SQ4,它与主轴进给手柄有机械连接,当这个手柄动作时,SQ4 也受压断开。电动机 M1 和 M2 必须在行程开关 SQ3 和 SQ4 中有一个处于闭合状态时,才可以启动。如果工作台(或主轴箱)在自动进给(此时 SQ3 断开)时,再将主轴进给手柄扳到自动进给位置(SQ4 也断开),那么电动机 M1 和 M2 便都自动停车,从而达到联锁保护之目的。

(四) T68 镗床电气原理图

T68 镗床电气原理如图 7-8 所示。

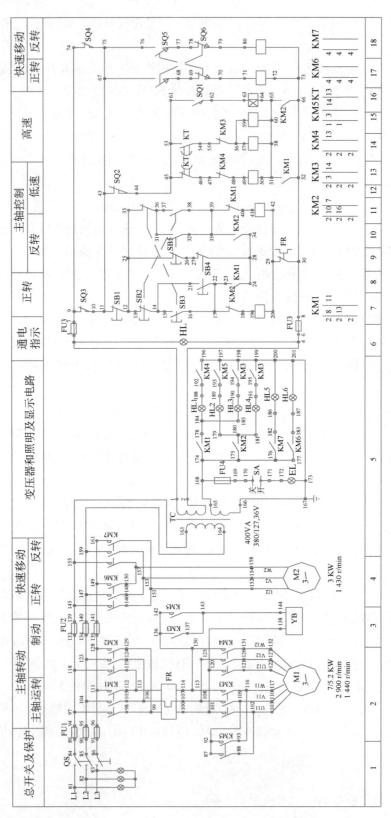

图7-8 T68镗床电气原理图

(五)机床电气故障处理方法——电压的分段测量法

用电压分段测量法检修电气故障时,首先将万用表的量程置于交流电压 500 V 挡,如图 7-9 所示。电压分段测量的电压值及故障点如表 7-5 所示。

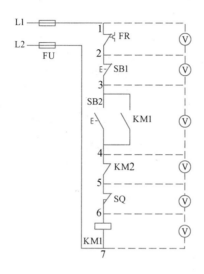

图 7-9 电压分段测量法

表 7-5 电压分段测量法所测电压值及故障点

故障现象	测试状态	1-7	1-2	2-3	3-4	4-5	5-6	6-7	故障点
按下 SB2,KM1 不吸合	按下 SB2 不放	0	0	0	0	0	0	0	没有电源(FU 熔断)
		120	120	×	×	×	×	×	FR 常闭触点接触不良
		120	0	120	×	×	×	×	SB1 常闭触点接触不良
		120	0	0	120	×	×	×	SB2 触点接触不良
		120	0	0	0	120	×	×	KM2 常闭触点接触不良
		120	0	0	0	0	120	×	SQ 常闭触点接触不良
		120	0	0	0	0	0	120	KM1 线圈断路

(六)技能考核

技能考核如表 7-6 所示。

表 7-6 技能考核

序号	主要内容	考核要求	配分	扣分	得分
1	故障分析	① 标不出故障线段或错标在故障回路以外，每个故障点扣 15 分 ② 不能标出最小故障范围，每个点扣 5～10 分	30		
2	故障排除	① 停电不验电扣 5 分 ② 工具及仪表使用不正确，每次扣 5 分 ③ 排除故障方法不正确，扣 10 分 ④ 损坏电器元件，每个扣 30 分 ⑤ 不能排查故障点，每个扣 30 分 ⑥ 产生新故障或扩大故障范围，每个扣 40 分	60		
3	安全文明生产	① 防护用品穿戴不齐全扣 5 分 ② 检修结束后未恢复原状扣 5 分 ③ 检修中丢失零件扣 5 分 ④ 出现短路或触电扣 10 分	10		
4	时间	超出规定时间，每 10 分钟扣 5 分			
	合　计		100		

四、实训注意事项

（1）熟悉 T68 镗床电气控制线路的基本环节及控制要求，认真观摩教师示范检修。

（2）检修时所用工具、仪表应符合使用要求。

（3）排除故障时，必须修复故障点，但不得采用元件代换。

（4）检修时，严禁扩大故障范围或产生新的故障。

（5）带电检修时，必须有指导教师监护，以确保安全。

项目四　Z3040 摇臂钻床电气控制线路

一、实训目的

(1) 熟悉 Z3040 摇臂钻床电气控制线路的基本环节及控制要求。
(2) 学会 Z3040 摇臂钻床电气控制线路故障的检修方法。

二、实训器材

实训器材包括：测电笔、电工刀、剥线钳、尖嘴钳、螺丝刀、万用表。

三、实训内容及步骤

(一) Z3040 摇臂钻床结构

Z3040 摇臂钻床是一种用途广泛的机床，适用于加工中小零件，可以进行钻孔、扩孔、铰孔、刮平面及改螺纹等多种形式的加工，增加适当的工艺装备还可以镗孔。它主要由底座、内外立柱、摇臂、主轴箱、主轴及工作台等部分组成，如图 7-10 所示。最大钻孔直径为 40 mm，最大跨距为 1 200 mm，最小为 300 mm。

进行加工时，由特殊的夹紧装置将主轴箱紧固在摇臂导轨上，外立柱紧固在内立柱上，摇臂紧固在外立柱上。然后，进行钻削加工。钻削加工时，钻头一边进行旋转切削，一边进行纵向进给，其运动形式如下。

(1) 主运动：主轴的旋转运动。
(2) 进给运动：主轴的纵向进给。
(3) 辅助运动：摇臂沿外立柱的垂直移动，主轴箱沿摇臂长度方向的移动，摇臂与外立柱一起绕内立柱回转的运动。

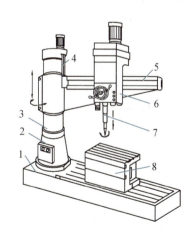

1—底座；2—内立柱；3、4—外立柱；5—摇臂；
6—主轴箱；7—主轴；8—工作台

图 7-10　Z3040 摇臂钻床结构示意图

(二) Z3040 摇臂钻床的电气控制要求

(1) 摇臂钻床运动部件较多,为了简化传动装置,采用 4 台电动机拖动,它们分别是主轴电动机、摇臂升降电动机、液压泵电动机和冷却泵电动机,这些电动机都采用直接启动方式。

(2) 为了适应多种形式的加工要求,摇臂钻床主轴的旋转及进给运动有较大的调速范围,一般情况下多由机械变速机构实现。主轴变速机构与进给变速机构均装在主轴箱内。

(3) 摇臂钻床的主运动和进给运动均为主轴的运动,这两项运动由一台主轴电动机拖动,分别经主轴传动机构、进给传动机构实现主轴的旋转和进给。

(4) 加工螺纹时,要求主轴能正反转。摇臂钻床主轴正反转一般采用机械方法实现,因此主轴电动机仅需要单向旋转。

(5) 摇臂升降电动机要求能正反向旋转。

(6) 内外主轴的夹紧与放松、主轴与摇臂的夹紧与放松,可用机械操作、电气-机械装置,电气-液压或电气-液压-机械等控制方法实现。若采用液压装置,则备有液压泵电动机,拖动液压泵提供压力油来实现,液压泵电动机要求能正反向旋转,并根据要求采用点动控制。

(7) 摇臂的移动严格按照摇臂松开→移动→摇臂夹紧的程序进行。因此摇臂的夹紧与摇臂升降按自动控制进行。

(8) 冷却泵电动机带动冷却泵提供冷却液,只要求单向旋转。

(9) 具有连锁与保护环节以及安全照明、信号指示电路。

(三) Z3040 摇臂钻床的电气控制线路

Z3040 摇臂钻床的电气控制电路如图 7-11 所示。Z3040 摇臂钻床共有 4 台电动机,除冷却泵电动机 M4 采用开关直接启动外,其余 3 台电动机均采用接触器控制启动。

1. 主轴电机 M1 控制

按下启动按钮 SB2,接触器 KM1 线圈通电吸合并自锁,其主触点接通主电动机的电源,主电动机 M1 旋转。需要使主电动机停止工作时,按停止按钮 SB1,接触器 KM1 断电释放,主电动机 M1 被切断电源而停止工作。主电动机采用热继电器 FR1 做过载保护,采用熔断器 FU1 作短路保护。主电动机的工作状态由 KM1 的辅助动合触点控制的指示灯 HL1 来指示,当主电动机工作时,指示灯 HL1 亮。

2. 摇臂的升降控制

摇臂升降运动必须在摇臂完全放松的条件下进行,升降过程结束后应将摇臂夹紧固定。摇臂升降运动的动作过程为:放松摇臂—升/降摇臂—夹紧摇臂(夹紧必须在摇臂停止运动时进行)。

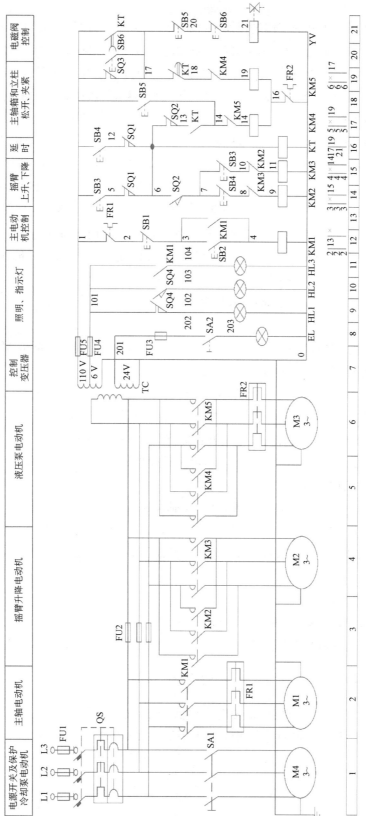

图 7-11 Z3040 摇臂钻床电路图

控制摇臂上升与下降的工作过程如下：按下上升（或下降）控制按钮 SB3（或 SB4），断电延时继电器 KT 线圈通电，同时 KT 动合触点使电磁铁 YA 线圈通电，接触器 KM4 线圈通电，电动机 M3 正转，高压油进入摇臂松开油腔，推动活塞和菱形块实现放松摇臂。放松至需要高度后，压下行程开关 SQ3，接触器 KM4 线圈断电（放松摇臂过程结束），接触器 KM2（或 KM3）线圈得电，主触点闭合，接通升降电动机 M2，带动摇臂上升（或下降）。由于此时摇臂已松开，SQ4 被复位，HL2 灯亮，表示当前处于松开状态。松开按钮 SB3（SB4），KM2（KM3）线圈断电，摇臂上升（或下降）运动停止，时间继电器 KT 线圈断电（电磁铁 YA 线圈仍通电）。当延时结束，即升降电机完全停止时，KT 延时闭合动断触点闭合，KM5 线圈得电，液压泵电动机反向序接通电源而反转，压力油经另一条油路进入摇臂夹紧油腔，反方向推动活塞和菱形块，使摇臂夹紧。摇臂做夹紧运动，一定时间后 KT 动合延时断开触点断开，接触器 KM5 线圈和电磁铁 YA 线圈断电，电磁阀复位，液压泵电动机 M3 断电，停止工作，摇臂上升（下降）运动结束。

SQ1（SQ2）为摇臂上升（下降）的限位保护开关。

3. 主轴箱和立柱的夹紧与放松控制

根据液压回路原理，电磁换向阀 YA 线圈不通电时，通过液压泵电动机 M3 的正、反转，使主轴箱和立柱同时放松或夹紧。

具体操作过程如下：按下按钮 SB5，接触器 KM4 线圈通电，液压泵电动机 M3 正转（YA 不通电），主轴箱和立柱的夹紧装置放松。完全放松后，位置开关 SQ4 不受压，指示灯 HL1 给出主轴箱和立柱放松的指示，松开按钮 SB5，KM4 线圈断电，液压泵电动机 M3 停转，放松过程结束。HL1 放松指示状态下，可手动操作外立柱带动摇臂沿内立柱进行回转动作以及使主轴箱摇臂沿长度方向水平移动。

按下按钮 SB6，接触器 KM5 线圈通电，主轴箱和立柱的夹紧装置夹紧。夹紧后按下位置开关 SQ4，指示灯 HL2 给出夹紧指示。松开按钮 SB6，接触器 KM5 线圈断电，主轴箱和立柱保持夹紧状态。在 HL2 的夹紧指示状态下，可以对孔进行加工（此时不能手动操作）。

4. 机床信号灯控制

机床设有 4 个信号灯：电源指示灯 HL、立柱和主轴箱松开指示灯 HL1、立柱和主轴箱夹紧指示灯 HL2、主轴电动机旋转指示灯 HL3。照明灯 EL 用 SA2 直接控制。

（四）机床电气故障处理方法——电阻分段测量法

用电阻分段测量法检修电气故障时，首先将万用表的量程置于电阻挡 R×10 或 R×100 挡，如图 7-12 所示。电阻分段测量的电阻值及故障点如表 7-7 所示。

模块七 典型机床控制线路的故障分析

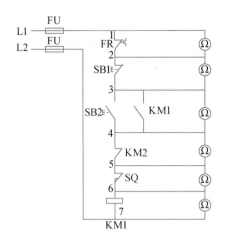

图 7-12 电阻的分段测量法

表 7-7 电阻分段测量法所测电压值及故障点

故障现象	测试状态	1-2	2-3	3-4	4-5	5-6	6-7	故障点
按下 SB2，KM1 不吸合	切断电源，按下 SB2 不放	∞	×	×	×	×	×	FR 常闭触点接触不良
		0	∞	×	×	×	×	SB1 常闭触点接触不良
		0	0	∞	×	×	×	SB2 触点接触不良
		0	0	0	∞	×	×	KM2 常闭触点接触不良
		0	0	0	0	∞	×	SQ 常闭触点接触不良
		0	0	0	0	0	∞	KM1 线圈断路
		0	0	0	0	0	R	FU 熔断

（五）技能考核

技能考核如表 7-8 所示。

表 7-8 技能考核

序号	主要内容	考核要求	配分	扣分	得分
1	故障分析	① 标不出故障线段或错标在故障回路以外，每个故障点扣 15 分 ② 不能标出最小故障范围，每个点扣 5～10 分	30		
2	故障排除	① 停电不验电扣 5 分 ② 工具及仪表使用不正确，每次扣 5 分 ③ 排除故障方法不正确，扣 10 分 ④ 损坏电器元件，每个扣 30 分 ⑤ 不能排查故障点，每个扣 30 分 ⑥ 产生新故障或扩大故障范围，每个扣 40 分	60		

(续表)

序号	主要内容	考核要求	配分	扣分	得分
3	安全文明生产	① 防护用品穿戴不齐全扣5分 ② 检修结束后未恢复原状扣5分 ③ 检修中丢失零件扣5分 ④ 出现短路或触电扣10分	10		
4	时间	超出规定时间,每10分钟扣5分			
合 计			100		

四、实训注意事项

(1) 熟悉 Z3040 摇臂钻床电气控制线路的基本环节及控制要求,认真观摩教师示范检修。

(2) 检修时所用工具、仪表应符合使用要求。

(3) 排除故障时,必须修复故障点,但不得采用元件代换。

(4) 检修时,严禁扩大故障范围或产生新的故障。

(5) 带电检修时,必须有指导教师监护,以确保安全。

模块八

电工安全生产及典型案例分析

项目一　安全生产新法律法规

一、安全生产法

《安全生产法》由第九届全国人民代表大会常务委员会第二十八次会议通过，自2002年11月1日起施行。根据2009年8月27日第十一届全国人民代表大会常务委员会第十次会议《关于修改部分法律的决定》第一次修正；根据2014年8月31日第十二届全国人民代表大会常务委员会第十次会议《关于修改〈中华人民共和国安全生产法〉的决定》第二次修正。《安全生产法》是我国第一部规范安全生产的综合性法律。该法与从业人员密切相关的规定如下：

（1）生产经营单位的从业人员有依法获得安全生产保障的权利，并应当依法履行安全生产方面的义务。

（2）生产经营单位应当对从业人员进行安全生产教育和培训，保证从业人员具备必要的安全生产知识，熟悉有关的安全生产规章制度和安全操作规程，掌握本岗位的安全操作技能，了解事故应急处理措施，知悉自身在安全生产方面的权利和义务。未经安全生产教育和培训合格的从业人员，不得上岗作业。

生产经营单位使用被派遣劳动者的，应当将被派遣劳动者纳入本单位从业人员统一管理，对被派遣劳动者进行岗位安全操作规程和安全操作技能的教育和培训。劳务派遣单位应当对被派遣劳动者进行必要的安全生产教育和培训。

生产经营单位接收中等职业学校、高等学校学生实习的，应当对实习学生进行相应的安全生产教育和培训，提供必要的劳动防护用品。学校应当协助生产经营单位对实习学生进行安全生产教育和培训。

（3）事故隐患排查治理情况应当如实记录，并向从业人通报。

（4）生产经营单位应当教育和督促从业人员岗位存在的危险因素、防范措施以及事故应急措施。

（5）生产经营单位必须为从业人员提供符合标准或者行业标准的劳动防护用品，并监督、教育从业人员按照使用规则佩藏、使用。

（6）生产经营单位与从业人员订立的劳动合同，应当载明有关保障从业人员劳动安全、防止职业危害的事项，以及依法为从业人员办理工伤社会保险的事项。

（7）生产经营单位与从业人员订立的劳动合同，应当载明有关保障从业人员劳动安全、防止职业危害的事项，有权对本单位的安全工作提出建议。

(8) 从业人员有权对本单位安全生产工作中存在的问题提出批评、检举、控告；有权拒绝违章指挥和强令冒险作业。生产经营单位不得因从业人员对本单位安全生产工作提出批评、检举、控告，或者拒绝违章指挥、强令冒险作业，而降低其工资、福利等待遇或者解除与其订立的劳动合同。

(9) 从业人员发现直接危及人身安全的紧急情况时，有权停止作业或者采取可能的应急措施后撤离作业场所。生产经营单位不得因从业人员在规定的紧急情况下停止作业或者采取紧急措施而降低其工资、福利等待遇或者解除与其订立的劳动合同。

(10) 因生产安全事故受到损害的从业人员，除依法享有工伤保险外，依照有关民事法律尚有获得赔偿的权利的，有权向本单位提出赔偿要求。

(11) 从业人员在作业过程中，应当严格遵守本单位的安全生产规章制度和操作规程，服从管理，正确佩戴和使用劳动防护用品。

(12) 从业人员应当接受安全生产教育和培训，掌握本职工作所需的安全生产知识，提高安全生产技能，增强事故预防和应急处理能力。

(13) 从业人员发现事故隐患或者其他不安全因素，应当立即向现场安全生产管理人员或者本单位负责人报告；接到报告的人员应当及时予以处理。

(14) 任何单位或者个人对事故隐患或者安全生产违法行为，均有权向负有安全生产监督管理职责的部门报告或者举报。

(15) 任何单位和个人不得阻挠和干涉对事故的依法调查处理。

(16) 生产经营单位与从业人员订立协议，免除或者减轻其对从业人员因生产安全事故伤亡依法应承担的责任的，该协议无效。

(17) 生产经营单位的从业人员不服从管理，违反安全生产规章制度或者操作规程的，由生产经营单位给予批评教育，依照有关规章制度给予处分；造成重大事故，构成犯罪的，依照刑法有关规定追究刑事责任。

二、电力法

《电力法》于 1995 年 12 月 28 日由第八届全国人民代表大会常务委员会第十七次会议通过，以中华人民共和国主席令第六十号公布，自 1996 年 4 月 1 日起施行。根据 2009 年 8 月 27 日第十一届全国人民代表大会常务委员会第十次会议《关于修改部分法律的决定》第一次修正；根据 2015 年 4 月 24 日第十二届全国人民代表大会常务委员会第十四次会议《关于修改〈中华人民共和国电力法〉等六部法律的决定》第二次修正；根据 2018 年 12 月 29 日第十三届全国人民代表大会常务委员会第七次会议《全国人民代表大会常务委员会关于修改〈中华人民共和国电力法〉等四部法律的决定》第三次修正。相关规定如下：

(1) 电力设施受国家保护。禁止任何单位和个人危害电力设施安全或者非法侵占、使用电能。

(2) 电网运行实行统一调度、分级管理。任何单位和个人不得非法干预电网调度。

(3) 任何单位和个人不得危害发电设施、变电设施和电力线路设施及其有关辅助设施,在电力设施周围进行爆破及其他可能危及电力设施安全的作业的,应当按照国务院有关电力设施保护的规定,经批准并采取确保电力设施安全的措施后,方可进行作业。

(4) 电力管理部门应当按照国务院有关电力设施保护的规定,对电力设施保护区设立标志。

任何单位和个人不得在依法划定的电力设施保护区内修建可能危及电力设施安全的建筑物、构筑物,不得种植可能危及电力设施安全的植物,不得堆放可能危及电力设施安全的物品。

在依法划定电力设施保护区前已经种植的植物妨碍电力设施安全的,应当修剪或者砍伐。

(5) 任何单位和个人需要在依法划定的电力设施保护区内进行可能危及电力设施安全的作业时,应当经电力管理部门批准并采取安全措施后,方可进行作业。

(6) 电力设施与公用工程、绿化工程和其他工程在新建、改建或者扩建中相互妨碍时,有关单位应当按照国家有关规定协商,达成协议后方可施工。

(7) 盗窃电能的,由电力管理部门责令停止违法行为,追缴电费并处应交电费 5 倍以下的罚款;构成犯罪的,依照刑法有关规定追究刑事责任。

(8) 盗窃电力设施或者以其他方法破坏电力设施,危害公共安全的,依照刑法有关规定追究刑事责任。

(9) 电力企业职工违反规章制度、违章调度或者不服从调度指令,造成重大事故的,依照刑法有关规定追究刑事责任。

电力企业职工故意延误电力设施抢修或者抢险救灾供电,造成严重后果的,依照刑法有关规定追究刑事责任。

电力企业的管理人员和查电人员、抄表收费人员勒索用户、以电谋私,构成犯罪的,依法追究刑事责任;尚不构成犯罪的,依法给予行政处分。

三、消防法

《消防法》于 1998 年 4 月 29 日由第九届全国人民代表大会常务委员会第二次会议通过,自 1998 年 9 月 1 日起施行。2008 年 10 月 28 日第十一届全国人民代表大会常务委员会第五次会议修订;根据 2019 年 4 月 23 日第十三届全国人民代表大会常务委员会第十次会议《关于修改〈中华人民共和国建筑法〉等八部法律的决定》修正。该法与从业人员有关的内容如下:

(1) 任何单位和个人都有维护消防安全、保护消防设施、预防火灾、报告火警的义务。

任何单位和成年人都有参加有组织的灭火工作的义务。

（2）对在消防工作中有突出贡献的单位和个人，应当按照国家有关规定给予表彰和奖励。

（3）消防安全重点单位除应当履行本法规定的职责外，还应当履行下列消防安全职责。

① 确定消防安全管理人，组织实施本单位的消防安全管理工作；

② 建立消防档案，确定消防安全重点部位，设置防火标志，实行严格管理；

③ 实行每日防火巡查，并建立巡查记录；

④ 对职工进行岗前消防安全培训，定期组织消防安全培训和消防演练。

（4）禁止在具有火灾、爆炸危险的场所吸烟、使用明火。因施工等特殊情况需要使用明火作业的，应当按照规定事先办理审批手续，采取相应的消防安全措施；作业人员应当遵守消防安全规定。

（5）任何单位、个人不得损坏、挪用或者擅自拆除、停用消防设施、器材，不得埋压、圈占、遮挡消火栓者，不得用防火间距，不得占用、堵塞、封闭疏散通道、安全出口、消防通道。

（6）任何人发现火灾都应当立即报警。任何单位、个人都应当无偿为报警提供便利，不得阻拦报警。严禁谎报火警。

（7）任何单位和个人都有权对住房和城乡建设主管部门、消防救援机构及其工作人员在执法中的违法行为进行检举、控告。

四、职业病防治法

《职业病防治法》于2001年10月27日由中华人民共和国第九届全国人民代表大会常务委员会第二十四次会议通过，自2002年5月1日起实施。根据2011年12月31日第十一届全国人民代表大会常务委员会第二十四次会议《关于修改〈中华人民共和国职业病防治法〉的决定》第一次修正；根据2016年7月2日第十二届全国人民代表大会常务委员会第二十一次会议《关于修改〈中华人民共和国节约能源法〉等六部法律的决定》第二次修正；根据2017年11月4日第十二届全国人民代表大会常务委员会第三十次会议《关于修改〈中华人民共和国会计法〉等十一部法律的决定》第三次修正；根据2018年12月29日第十三届全国人民代表大会常务委员会第七次会议《关于修改〈中华人民共和国劳动法〉等七部法律的决定》第四次修正。该法与从业人员密切相关的规定如下。

（1）劳动者依法享有职业卫生保护的权利。用人单位应当为劳动者创造符合国家职业卫生标准和卫生要求的工作环境和条件，并采取措施保障劳动者获得职业卫生保护。

（2）产生职业病危害的用人单位的设立除应当符合法律、行政法规规定的设立条件外，其工作场所还应当符合下列职业卫生要求。

① 职业病危害因素的强度或者浓度符合国家职业卫生标准；

② 有与职业病危害防护相适应的设施；

③ 生产布局合理,符合有害与无害作业分开的原则;

④ 有配套的更衣间、洗浴间、孕妇休息间等卫生设施;

⑤ 设备、工具、用具等设施符合保护劳动者生理、心理健康的要求;

⑥ 法律、行政法规和国务院卫生行政部门、安全生产监督管理部门关于保护劳动者健康的其他要求。

(3) 用人单位应当采取下列职业病防治管理措施。

① 设置或者指定职业卫生管理机构或者组织,配备专职或者兼职的职业卫生管理人员,负责本单位的职业病防治工作;

② 制定职业病防治计划和实施方案;

③ 建立、健全职业卫生管理制度和操作规程;

④ 建立、健全职业卫生档案和劳动者健康监护档案;

⑤ 建立、健全工作场所职业病危害因素监测及评价制度;

⑥ 建立、健全职业病危害事故应急救援预案。

(4) 用人单位的主要负责人和职业卫生管理人员应当接受职业卫生培训,遵守职业病防治法律、法规,依法组织本单位的职业病防治工作。

用人单位应当对劳动者进行上岗前的职业卫生培训和在岗期间的定期职业卫生培训,普及职业卫生知识,督促劳动者遵守职业病防治法律、法规、规章和操作规程,指导劳动者正确使用职业病防护设备和个人使用的职业病防护用品。

劳动者应当学习和掌握相关的职业卫生知识,增强职业病防范意识,遵守职业病防治法律、法规、规章和操作规程,正确使用、维护职业病防护设备和个人使用的职业病防护用品,发现职业病危害事故隐患应当及时报告。

劳动者不履行上述规定义务的,用人单位应当对其进行教育。

(5) 用人单位不得安排未经上岗前职业健康检查的劳动者从事接触职业病危害的作业;不得安排有职业禁忌的劳动者从事其所禁忌的作业;对在职业健康检查中发现有与所从事的职业相关的健康损害的劳动者,应当调离原工作岗位,并妥善安置;对未进行离岗前职业健康检查的劳动者不得解除或者终止与其订立的劳动合同。

(6) 劳动者享有下列职业卫生保护权利。

① 获得职业卫生教育、培训;

② 获得职业健康检查、职业病诊疗、康复等职业病防治服务;

③ 了解工作场所产生或者可能产生的职业病危害因素、危害后果和应当采取的职业病防护措施;

④ 要求用人单位提供符合防治职业病要求的职业病防护设施和个人使用的职业病防护用品,改善工作条件;

⑤ 对违反职业病防治法律、法规以及危及生命健康的行为提出批评、检举和控告;

⑥ 拒绝违章指挥和强令进行没有职业病防护措施的作业;

⑦ 参与用人单位职业卫生工作的民主管理，对职业病防治工作提出意见和建议。

用人单位应当保障劳动者行使上述所列权利。因劳动者依法行使正当权利而降低其工资、福利等待遇，或者解除、终止与其订立的劳动合同的，其行为无效。

五、生产安全事故应急条例

《生产安全事故应急条例》于2018年12月5日由国务院第33次常务会议通过，以国务院令第708号公布，自2019年4月1日起施行。该条例的相关要求如下。

（1）生产经营单位应当加强生产安全事故应急工作，建立、健全生产安全事故应急工作责任制，其主要负责人对本单位的生产安全事故应急工作全面负责。

（2）生产经营单位应当针对本单位可能发生的生产安全事故的特点和危害，进行风险辨识和评估，制定相应的生产安全事故应急救援预案，并向本单位从业人员公布。

（3）易燃易爆物品、危险化学品等危险物品的生产、经营、储存、运输单位，矿山、金属冶炼、城市轨道交通运营、建筑施工单位，以及宾馆、商场、娱乐场所、旅游景区等人员密集场所经营单位，应当至少每半年组织1次生产安全事故应急救援预案演练，并将演练情况报送所在地县级以上地方人民政府负有安全生产监督管理职责的部门。

（4）易燃易爆物品、危险化学品等危险物品的生产、经营、储存、运输单位，矿山、金属冶炼、城市轨道交通运营、建筑施工单位，以及宾馆、商场、娱乐场所、旅游景区等人员密集场所经营单位，应当建立应急救援队伍；其中，小型企业或者微型企业等规模较小的生产经营单位，可以不建立应急救援队伍，但应当指定兼职的应急救援人员，并且可以与邻近的应急救援队伍签订应急救援协议。

（5）生产经营单位应当对从业人员进行应急教育和培训，保证从业人员具备必要的应急知识，掌握风险防范技能和事故应急措施。

（6）发生生产安全事故后，生产经营单位应当立即启动生产安全事故应急救援预案，采取下列一项或者多项应急救援措施，并按照国家有关规定报告事故情况。

① 迅速控制危险源，组织抢救遇险人员。

② 根据事故危害程度，组织现场人员撤离或者采取可能的应急措施后撤离。

③ 及时通知可能受到事故影响的单位和人员。

④ 采取必要措施，防止事故危害扩大和次生、衍生灾害发生。

⑤ 根据需要请求邻近的应急救援队伍参加救援，并向参加救援的应急救援队伍提供相关技术资料、信息和处置方法。

⑥ 维护事故现场秩序，保护事故现场和相关证据。

⑦ 法律、法规规定的其他应急救援措施。

六、电力安全事故应急处置和调查处理条例

《电力安全事故应急处置和调查处理条例》于 2011 年 6 月 15 日由国务院第 15 次常务会议通过，以国务院令第 509 号公布，并于 2011 年 9 月 1 日起实施。制定该条例的目的是加强电力安全事故的应急处置工作，规范电力安全事故的调查处理控制，减轻和消除电力安全事故损害。本条例规定：

(1) 根据电力安全事故(以下简称事故)影响电力系统安全稳定运行或者影响电力(热力)正常供应的程度，事故分为特别重大事故、重大事故、较大事故和一般事故，事故等级划分标准的部分项目需要调整的，由国务院电力监管机构提出方案，报国务院批准。

由独立的或者通过单一输电线路与外省连接的省级电网供电的省级人民政府所在地城市，以及由单一输电线路或者单一变电站供电的其他设区的市、县级市，其电网减供负荷或者造成供电用户停电的事故等级划分标准，由国务院电力监管机构另行制定，报国务院批准。

(2) 事故发生后，电力企业和其他有关单位应当按照规定及时、准确报告事故情况，开展应急处置工作，防止事故扩大，减轻事故损害。电力企业应当尽快恢复电力生产、电网运行、电力(热力)正常供应。

(3) 特别重大事故由国务院或者国务院授权的部门组织事故调查组进行调查。重大事故由国务院电力监管机构组织事故调查组进行调查。较大事故、一般事故由事故发生地电力监管机构组织事故调查组进行调查。国务院电力监管机构认为必要的，可以组织事故调查组对较大事故进行调查。未造成供电用户停电的一般事故，事故发生地电力监管机构也可以委托事故发生单位调查处理。

七、安全生产培训管理办法

《安全生产培训管理办法》于 2012 年 1 月 19 日以国家安全生产监督管理总局令第 44 号公布，根据 2013 年 8 月 20 日国家安全生产监督管理总局令第 63 号第一次修正，根据 2015 年 5 月 20 日国家安全生产监督管理总局令第 80 号第二次修正。自公布之日起施行。该办法相关规定如下：

(1) 安全培训工作实行统一规划、归口管理、分级实施、分类指导、教考分离的原则。

(2) 生产经营单位从业人员的培训内容和培训时间应当符合《生产经营单位安全培训规定》和有关标准的规定。

(3) 特种作业人员的考核发证按照《特种作业人员安全技术培训考核管理规定》执行。

(4) 特种作业操作证和省级安全生产监督管理部门、省级煤矿安全培训监管机构颁发的主要负责人、安全生产管理人员的安全合格证，在全国范围内有效。

八、生产经营单位安全培训规定

《生产经营单位安全培训规定》(以下简称《规定》)于2006年1月17日,以原国家安全生产监督管理总局令第3号公布,自2006年3月1日起施行,根据2013年5月29日国家安全监管总局令第63号《国家安全监管总局关于修改〈生产经营单位安全培训规定〉等11件规章的决定》第一次修正;根据2015年5月29日国家安全生产监督管理总局令第80号《国家安全监管总局关于废止和修改劳动防护用品和安全培训等领域十部规章的决定》第二次修正。该规定的立法目的是加强和规范生产经营单位安全培训工作,提高从业人员安全素质,防范伤亡事故,减轻职业危害。该规定与从业人员相关的规定如下:

(1) 生产经营单位负责本单位从业人员安全培训工作,生产经营单位应当进行安全培训的从业人员包括主要负责人、安全生产管理人员、特种作业人员和其他从业人员。

(2) 生产经营单位从业人员应当接受安全培训,熟悉有关安全生产规章制度和安全操作规程,具备必要的安全生产知识,掌握本岗位的安全操作技能,了解事故应急处理措施,知悉自身在安全生产方面的权利和义务。未经安全生产培训并考核合格的从业人员不得上岗作业。

(3) 煤矿、非煤矿山、危险化学品、烟花爆竹、金属冶炼等生产经营单位必须对新上岗的临时工、合同工、劳务工、轮换工、协议工等进行强制性安全培训,保证其具备本岗位安全操作、自救互救以及应急处置所需的知识和技能后方能安排上岗作业。

(4) 加工、制造业等生产单位的其他从业人员在上岗前必须经过厂(矿)、车间(工段、区、队)、班组三级安全培训教育。从业人员在本生产经营单位内调整工作岗位或离岗一年以上重新上岗时,应重新接受车间(工段、区、队)和班组级安全培训。

(5) 生产经营单位新上岗的从业人员,岗前安全培训时间不得少于24学时。

(6) 生产经营单位的特种作业人员,必须按照国家有关法律、法规的规定接受专门的安全培训,经考核合格,取得特种作业操作资格证书后,方可上岗作业。

九、特种作业人员安全技术培训考核管理规定

《特种作业人员安全技术培训考核管理规定》于2010年5月24日由国家安全监管总局令第30号公布。2013年8月19日根据《国家安全监管总局关于修改〈生产经营单位安全培训规定〉等11件规章的决定》进行第一次修订。2015年5月29日根据《国家安全监管总局关于废止和修改劳动防护用品和安全培训等领域十部规章的决定》进行第二次修正,自2015年7月1日起施行。电工作业人员应当了解和掌握的相关规定如下:

(1) 特种作业人员必须经专门的安全技术培训并考核合格,取得《中华人民共和国特种作业操作证》(以下简称特种作业操作证)后,方可上岗作业。

(2)特种作业人员应当接受与其所从事的特种作业相应的安全技术理论培训和实际操作培训。

(3)国家对特种作业人员的安全技术培训、考核、发证、复审工作实行统一监管、分级实施、教考分离的原则。

(4)特种作业操作证有效期为6年,在全国范围内有效。特种作业操作证每3年复审1次。

(5)特种作业操作证申请复审或者延期复审前,特种作业人员应当参加必要的安全培训并考试合格。

十、工作场所职业卫生监督管理规定

《工作场所职业卫生监督管理规定》于2012年3月6日由原国家安全生产监督管理总局局长办公会议审议通过,并于2012年6月1日起施行。原国家安全生产监督管理总局2009年7月1日公布的《作业场所职业健康监督管理暂行规定》同时废止。新规定细化了用人单位的职业卫生管理责任,厘清了安全监管部门的职业卫生监管法定职责、主要内容和相关措施。新规定中,电工应了解的内容如下:

(1)用人单位应当加强职业病防治工作,为劳动者提供符合法律、法规、规章、国家职业卫生标准和卫生要求的工作环境和条件,并采取有效措施保障劳动者的职业健康。

(2)用人单位应当对劳动者进行上岗前的职业卫生培训和在岗期间的定期职业卫生培训,普及职业卫生知识,督促劳动者遵守职业病防治的法律、法规、规章、国家职业卫生标准和操作规程。

用人单位应当对职业病危害严重的岗位的劳动者,进行专门的职业卫生培训,经培训合格后方可上岗作业。

因变更工艺、技术、设备、材料,或者岗位调整导致劳动者接触的职业危害因素发生变化的,用人单位应当重新对劳动者进行上岗前的职业卫生培训。

(3)产生职业病危害的用人单位,应当在醒目位置设置公告栏,公布有关职业病防治的规章制度、操作规程、职业病危害事故、应急救援措施和工作场所职业病危害因素监测结果。存在或者产生职业病危害的工作场所、作业岗位、设备、设施,应当按照《工作场所职业病危害警示标识》(GBZ158)的规定,在醒目位置设置图形、警示线、警示语句等警示标识和中文警示说明。警示说明应当载明产生职业病危害的种类、后果、预防和应急处置措施等内容。

(4)用人单位应当为劳动者提供符合国家职业卫生标准的职业病防护用品,并督促、指导劳动者按照使用规则正确佩戴、使用,不得发放钱物替代职业病防护用品。

用人单位应当对职业病防护用品进行经常性的维护、保养,确保防护用品有效,不得使用不符合国家职业卫生标准或者已经失效的职业病防护用品。

(5) 在可能发生急性职业损伤的有毒、有害工作场所,用人单位应当设置报警装置,配置现场急救用品、冲洗设备、应急撤离通道和必要的泄险区。

现场急救用品、冲洗设备等应当设在可能发生急性职业损伤的工作场所或者邻近地点,并在醒目位置设置清晰的标识。

(6) 用人单位对采用的技术、工艺、材料、设备,应当知悉其可能产生的职业病危害,并采取相应的防护措施。对有职业病危害的技术、工艺、设备、材料,故意隐瞒其危害而采用的,用人单位对其所造成的职业病危害后果承担责任。

十一、生产安全事故应急预案管理办法

《生产安全事故应急预案管理办法》(原国家安全生产监督管理总局令第 88 号)经 2016 年 4 月 15 日原国家安全生产监督管理总局第 13 次局长办公会议审议通过,自 2016 年 7 月 1 日起施行。根据 2019 年 7 月 11 日应急管理部令第 2 号《应急管理部关于修改〈生产安全事故应急预案管理办法〉的决定》修正。该办法规定:

(1) 应急预案的管理实行属地为主、分级负责、分类指导、综合协调、动态管理的原则。

(2) 生产经营单位主要负责人负责组织编制和实施本单位的应急预案,并对应急预案的真实性和实用性负责;各分管负责人应当按照职责分工落实应急预案规定的职责。

(3) 编制应急预案应当成立编制工作小组,由本单位有关负责人任组长,吸收与应急预案有关的职能部门和单位的人员,以及有现场处置经验的人员参加。

(4) 生产经营单位应急预案应当包括向上级应急管理机构报告的内容、应急组织机构和人员的联系方式、应急物资储备清单等附件信息。附件信息发生变化时,应当及时更新,确保准确有效。

(5) 生产经营单位申报应急预案备案,应当提交下列材料:

① 应急预案备案申报表。

② 相关规定单位应当提供应急预案评审意见。

③ 应急预案电子文档。

④ 风险评估结果和应急资源调查清单。

(6) 生产经营单位应当制订本单位的应急预案演练计划,根据本单位的事故风险特点,每年至少组织一次综合应急预案演练或者专项应急预案演练,每半年至少组织一次现场处置方案演练。

十二、电气设备应用场所的安全要求第 1 部分:总则

国家标准化管理委员会和国家质量监督检验检疫总局于 2009 年 1 月 15 日发布了《电气设备应用场所的安全要求第 1 部分:总则》(GB/T24612),2010 年 5 月 1 日实施。

1. 人员培训

对专业人员进行培训以掌握设备的结构与操作，或特殊的工作方法，并使其能识别与避免与该设备或工作方法相关的电气危险。

(1) 专业人员须熟悉特殊预防措施、人员保护装置(包括防电弧、绝缘和屏蔽材料)、绝缘工具和测试设备的正确运用。一名人员可能对于某种设备和工作方法而言是有资格的，但对于其他设备和工作方法则不能算是有资格的。

(2) 一名受培训的人员在培训过程中，若在专业人员的直接监督下有能力安全完成其培训等级的任务，则该名人员可视为执行上述任务的专业人员。

(3) 工作在工作电压为电压限值，参见 GB3805 或以上、裸露带电部件的限制接近范围内的人员至少应接受下列内容的培训：

① 区别裸露的有电部件(emergizcd part)与电气设备的其他部件所必需的技能与技术；

② 确定裸露的带电部件(livc parts)的标称电压所需的技能与技术；

③ 接近距离和专业人员可能接触到的相应的电压(应有具体规定)；

④ 确定危害程度和范围的判定过程，以及安全执行任务所需的专用保护设施和计划。

非专业人员应接受培训，熟悉必需的所有电气安全准则。

2. 在导电体或电路部件处或附近工作

当人员在带电的或可能通电的裸露导体或电路部件处或附近工作时，应执行安全工作准则来保护人员免受伤害。具体的安全工作准则应与相关的电气危险性质与程度相适应。

带电部件的安全工作条件：人员在带电部件处或附近工作之前，应使其将要面临的带电导体处于一个电气安全工作条件，除非在带电部件处的工作可以被证明符合相关安全条款规定。

带电部件的不安全工作条件：仅允许专业人员在未处于电气安全工作条件下的电导体或电路部件处或附近工作。

3. 电气危险分析

为了减小操作人员受电击的可能性，电击危险分析应确定操作人员所面临的电压、操作界限要求及必要的保护装置等。为了保护操作人员免受电弧的损伤，应进行电弧危险分析。上述分析应确定电弧保护范围，以及在电弧保护范围内工作的人员所使用的人体保护装置。

4. 带电的电气工作许可证

若带电部件未处于电气安全工作条件下，则所进行的工作应视为带电的电气工作，只有具有书面许可证的专业人员才能进行。

注：由于额外危险，或由于某些情况(如能够说明断开电源会增加额外危险，或由于设备设计或操作限制等因素无法断开电源)，带电部件有可能不能处于电气安全工作条件下。

5. 非专业人员的限制

对于规定仅让专业人员进出的地方，应禁止非专业人员进入，除非电气导体和设备处于电气安全工作条件下。

6. 安全互锁

只有专业人员，在满足下列要求的电气设备上工作时，才被允许解除或绕过由其单独控制的电气设备安全互锁装置。工作完成后，电气设备安全互锁系统应回归到其工作状态。

（1）工作人员应与工作电压在电压限值或以上带电部件绝缘或隔离开。工作人员身体的任何未绝缘部分不得越过禁止性工作区边界。处于工作中的带电零部件，采取绝缘措施时应考虑使用绝缘手套和绝缘套管。

（2）工作电压在电压限值或以上的带电零部件应与人体或不同电位的其他电导体隔离开。

（3）工作人员徒手进行相线工作时，应与其他导电物体隔离开来。

复习思考题

1. 简述电工作业人员的职责。
2. 《安全生产法》规定电工作业人员有哪些权利？

项目二　安全重点知识再学习

一、电工安全基础知识

(一)电工安全工作基本要求

《特种作业人员安全技术培训考核管理规定》明确规定了电工作业是指对电气设备进行运行、维护、安装、检修、改造、施工、调试等作业(不含电力系统进网作业)。电工作业人员是指直接从事电工作业的专业人员,包括直接从事电工作业的技术工人、工程技术人员及生产管理人员。

根据《特种作业人员安全技术培训考核管理规定》规定,电工作业人员应符合下列条件:

(1)年满18周岁,且不超过国家法定退休年龄。

(2)经社区或者县级以上医疗机构体检健康合格,并无妨碍从事相应特种作业的器质性心脏病、癫痫、梅尼埃病、眩晕症、震颤麻痹症、精神病、痴呆症以及其他疾病和生理缺陷。

(3)具有初中及以上文化程度。

(4)具备必要的安全技术知识与技能。

(5)相应特种作业规定的其他条件。

此外,特种作业人员必须经专门的安全技术培训并考核合格,取得《中华人民共和国特种作业操作证》后,方可上岗作业。电工作业人员必须符合以上条件和具备以上基本要求,方可从事电工作业。新参加电气工作的人员、实习人员和临时参加劳动的人员,必须经过安全知识教育后,方可参加指定的工作,但不得单独工作。

(二)电工作业的安全组织措施

电工在工作时,一方面需要提高警惕性,遵守安全操作规程,认真谨慎地进行操作;另一方面则需要做好安全组织措施,运用组织措施手段,实现安全。安全组织措施主要有:工作票制度,工作许可制度,工作监护制度,工作间断、转移和终结制度等。

1. 工作票制度

在电气设备上工作,应填用工作票或按命令执行,其方式有下列3种。

(1)第一种工作票。填用第一种工作票的工作为:高压设备上工作需要全部停电或部分停电的;高压室内的二次接线和照明等回路上的工作,需要将高压设备停电或采取安全措施的。

(2)第二种工作票。填用第二种工作票的工作为:带电作业和在带电设备外壳上的工作;在控制盘和低压配电盘、配电箱、电源干线上的工作;在二次接线回路上的工作;无需将高压设备停电的工作;在转动中的发电机、同期调相机的励磁回路或高压电动机转子电阻回路上的工作;非当班值班人员用绝缘棒和电压互感器定相或用钳形电流表测量高压回路的电流。

工作票一式两份,一份必须经常保存在工作地点,由工作负责人收执,另一份由值班员收执,按值移交;在无人值班的设备上工作时,第二份工作票由工作许可人收执。

一个工作负责人只能发一张工作票。工作票上所列的工作地点以一个电气连接部分为限。如施工设备属于同一电压、位于同一楼层、同时停送电,且不会触及带电导体时,可允许几个电气连接部分共用一张工作票。在几个电气连接部分上,依次进行不停电的同一类型的工作,可以发给一张第二种工作票。若一个电气连接部分或一个配电装置全部停电,则所有不同地点的工作,可以发给一张工作票,但要详细填明主要工作内容。几个班同时工作时,工作票可发给一个总的负责人。若至预定时间,一部分工作尚未完成,仍须继续工作而不妨碍送电者。在送电前,应按照送电后现场设备带电情况,办理新的工作票,布置好安全措施后,方可继续工作。第一、二种工作票的有效时间,以批准的检修期为限。第一种工作票至预定时间,工作尚未完成,应由工作负责人办理延期手续。

(3) 口头或电话命令。用于第一和第三种工作票以外的其他工作。口头或电话命令,必须清楚正确。值班员应将发令人、负责人及工作任务详细记入操作记录簿中,并向发令人复诵核对一遍。

2. 工作许可制度

工作票签发人由车间(分场)或工区(所)熟悉人员技术水平、设备情况、安全工作规程的生产领导人或技术人员担任。工作票签发人的职责范围为确定:工作必要性;工作是否安全;工作票上所填安全措施是否正确完备;所派工作负责人和工作班人员是否适当和足够,精神状态是否良好等。工作票签发人不得兼任该项工作的工作负责人。

工作负责人(监护人)由车间(分场)或工区(所)主管生产的领导书面批准。工作负责人可以填写工作票。

工作许可人不得签发工作票。工作许可人的职责范围为审查:工作票所列安全措施是否正确完备,是否符合现场条件;工作现场布置的安全措施是否完善;负责检查停电设备有无突然来电的危险;对工作票所列内容即使发生很小疑问,也必须向工作票签发人询问清楚,必要时应要求作详细补充。工作许可人(值班员)在完成施工现场的安全措施后,还应会同工作负责人到现场检查所做的安全措施,以手触试,证明检修设备确无电压,对工作负责人指明带电设备的位置和注意事项,同工作负责人分别在工作票上签名。完成上述手续后,工作班方可开始工作。

3. 工作监护制度

完成工作许可手续后,工作负责人(监护人)应向工作班人员交代现场安全措施、带电部位和其他注意事项。工作负责人(监护人)必须始终在工作现场,对工作班人员的安全认真监护,及时纠正违反安全规程的操作。

全部停电时,工作负责人(监护人)可以参加工作班工作。部分停电时,只有在安全措施可靠,人员集中在一个工作地点,不致误碰带电部分的情况下,方能参加工作。工作期间,工作负责人若因故必须离开工作地点,应指定能胜任的人员临时代替,离开前应将工作现场交代清楚,并告知工作班人员。原工作负责人返回工作地点时,也应履行同样的交接手续。若工作负责人需要长时间离开现场,应由原工作票签发人变更新工作负责人,两工作负责人应做好必要的交接。

值班员如发现工作人员违反安全规程或任何危及工作人员安全的情况,应向工作负责人提出改正意见,必要时可暂时停止工作,并立即报告上级。

4. 工作间断、转移和终结制度

工作间断时,工作班人员应从工作现场撤出,所有安全措施保持不动,工作票仍由工作负责人执存。每日收工,将工作票交回值班员。次日复工时,应征得值班员许可,取回工作票,工作负责人必须首先重新检查安全措施,确定符合工作票的要求后,方可工作。

全部工作完毕后,工作班人员应清扫、整理现场。工作负责人应先周密检查,待全体工作人员撤离工作地点后,再向值班人员讲清所修项目、发现的问题、试验结果和存在的问题等,并与值所人员共同检查设备状态、有无遗留物件、是否清洁等,然后在工作票上填明工作终结时间。经双方签字后,工作票方告终结。

只有在同一停电系统的所有工作票结束,拆除所有接地线、临时遮拦,方告终结,恢复常设遮拦。得到值班调度员或值班负责人的许可命令后,方可合闸送电。

已结束的工作票,保存3个月。

(三) 电工作业的技术措施

电工在全部停电或部分停电的电气设备上作业时,必须完成停电、验电、装设接地线、悬挂标示牌和装设遮拦后,方能开始工作。上述安全措施由值班员实施,无值班人员的电气设备,由断开电源者执行,并应有监护人在场。

1. 停电

工作地点必须停电的设备如下:待检修的设备;进行工作中正常活动范围的距离小于规定要求的设备;在44 kV以下的设备上进行工作时安全距离达不到要求的设备;带电部分在工作人员后面或两侧无可靠安全措施的设备。

将检修设备停电,必须把各方面的电源完全断开(任何运行中的星形接线设备的中性点,必须视为带电设备)。必须拉开电闸,使各方面至少有一个明显的断开点,与停电设备有关的变压器和电压互感器,必须从高、低压两侧断开,防止向停电检修设备反送电。禁止在只经开关断开电源的设备上工作,断开开关和刀闸的操作电源,刀闸操作把手必须锁住。

2. 验电

验电时,必须用电压等级合适而且合格的验电器。在检修设备的进出线两侧分别验电。验电前,应先在有电设备上进行试验,以确认验电器良好,如果在木杆、木梯或木架上验电,不接地线不能指示者,可在验电器上接地线,但必须经值班负责人许可。

高压验电必须戴绝缘手套。35 kV 以上的电气设备,在没有专用验电器的特殊情况下,可以使用绝缘棒代替验电器,根据绝缘棒端有无火花和放电声来判断有无电压。

表示设备断开和允许进入间隔的信号,经常接入的电压表的指示等,不得作为无电压的根据。但如果指示有电,则禁止在该设备上工作。

3. 装设接地线

当验明确无电压后,应立即将检修设备接地并三相短路。这是保证工作人员在工作地点防止突然来电的可靠安全措施,同时设备断开部分的剩余电荷,亦可因接地而放尽。

对于可能送电至停电设备的各部位或可能产生感应电压的停电设备都要装设接地线,所装接地线与带电部分应符合规定的安全距离。

装设接地线必须两人进行,若为单人值班,只允许使用接地刀闸接地,或使用绝缘棒合接地刀闸。装设接地线必须先接接地端,后接导体端,并应接触良好。拆接地线的顺序与此相反。装、拆接地线均应使用绝缘棒或戴绝缘手套。

接地线应用多股软裸铜线,其截面应符合短路电流的要求,但不得小于 25 mm^2。接地线在每次装设以前应经过详细检查,损坏的接地线应及时修理或更换。禁止使用不符合规定的导线作接地或短路用。接地线必须用专用线夹固定在导体上,严禁用缠绕的方法进行接地或短路。

需要拆除全部或一部分接地线后才能进行的高压回路上的工作(如测量母线和电缆的绝缘电阻,检查开关触头是否同时接触等)须经特别许可。拆除一项接地线、拆除接地线而保留短路线、将接地线全部拆除或拉开接地刀同等工作必须征得值班员的许可(根据调度命令装设的接地线,必须征得调度员的许可)。工作完毕后立即恢复。

4. 悬挂标示牌和装设遮拦

在工作地点、施工设备和一经合闸即可送电到工作地点或施工设备的开关和刀闸的操作把手上,均应悬挂"禁止合闸,有人工作!"的标示牌。如果线路上有人工作,应在线路开关和刀闸操作把手上悬挂"禁止合闸,线路上有人工作!"的标示牌。标示牌的悬挂和拆除,应按调度员的命令执行。

部分停电的工作,安全距离小于规定数值的未停电设备,应装设临时遮拦,临时遮拦与带电部分的距离,不得小于规定的数值。临时遮拦可用干燥木材、橡胶或其他坚韧绝缘材料制成,装设应牢固,并悬挂"止步,高压危险!"的标示牌。35 kV 及以下设备的临时遮拦,如因特殊工作需要,可用绝缘挡板与带电部分直接接触。但此种挡板必须具有高度的绝缘性能,符合耐压试验要求。

在室内高压设备上工作,应在工作地点两旁间隔和对面间隔的遮拦上和禁止通行的过道上悬挂"止步,高压危险!"的标示牌。

在室外地面高压设备上工作,应在工作地点四周用绳子做好围栏,围栏上悬挂适当数量的"止步,高压危险!"的标示牌,标示牌必须朝向围栏外面。同时在工作地点悬挂"在此工作!"的标示牌。

在室外构架上工作,应在工作地点邻近带电部分的横梁上,悬挂"止步,高压危险!"的标示牌,此项标示牌在值班人员监护下,由工作人员悬挂。在工作人员上下用的铁架和梯子上,应悬挂"从此上下!"的标示牌,在邻近其他可能误登的带电构架上,应悬挂"禁止攀登,高压危险!"的标示牌。

严禁工作人员在工作中移动或拆除遮拦、接地线和标示牌。

(四) 电气设备检修安装时应注意的安全事项

1. 开工前应注意的安全事项

现场开工前,工作负责人一定要亲自带工作组成员会同设备管理单位人员一起,检查所做的安全措施是否符合要求,同时熟悉各设备的所在位置。检查时主要应注意以下方面:

(1) 对于一些安装 SF6 设备或可能有其他化学气体的现场应注意通风,防止有毒气体伤人。

(2) 现场工作人员必须坚持"两穿一戴"。对于一些冶炼企业,其设备上一般粉尘较多,现场工作中应注意戴口罩或防尘罩等个人防护用具。

(3) 校核现场实际接线与图纸有无出入,发现不对应立即标注,并确定是否需补充安全措施。

(4) 停电设备电源确定已断开,并有明显断开点,各隔离开关的操动机构已可靠锁住,操作电源已断开。尤其对于电压互感器和多绕组变压器等要特别留意,防止反充电。对于补偿电容器要充分接地放电,以防电容器内留有剩余电荷击伤人。

(5) 检查人员在检修设备区域的活动范围与运行设备的电气安全距离应足够,尤其对一些保留的带电部分,应设置遮拦及相应标示牌。

(6) 可设置临时遮拦及挂标示牌,以避免走错位置。

(7) 安全措施上要求装设的接地线应已装设,接地线本身应是合格的接地线,装设位置应正确,接地线应夹在导体上,不应随意夹在涂有绝缘漆的位置。

(8) 检查工作环境有无与其他检修部门交叉的作业面,注意加强联系,在一些关键部位须设专人监护。

(9) 工作过程中,工作组成员离开工作现场应向工作负责人说明,不准擅自离开工作组。工作负责人应注意经常清点人数,尤其在工作面转移或当天工作结束时,更应留意有无工作组成员遗留在现场。

(10) 在一些检修现场,由于多工作面同时作业,常出现试验电源线、工作电源线、照明线乱拉和乱接现象,很不安全,需引起注意。

(11) 工作期间严禁喝酒,杜绝酒后工作现象。每位检修人员要自觉维护企业形象,对自己的行为要有所约束。

2. 现场工作前必须做好充分的准备

(1) 向设备管理单位索借与实际一致的电气一次接线图及其他相关图纸、上次试验报告、原始安装记录等,并详细询问待检修设备的运行情况,从而初步确定检修范围及检修项目,以避免盲目性。

(2) 详细询问设备管理单位保障安全的组织措施与技术措施制度是否健全。

① 有些电力排灌站或小企业无工作票及工作许可制度,须与设备管理单位负责人一起书面拟定正确完备的安全措施,由设备管理单位执行。

② 有些企业有工作票及工作许可制度,工作票上所列安全措施应同设备管理单位共同商定;工作票签发时可由检修单位签发,也可与设备管理单位会签,但双方工作票签发人要具备签票资格。

③ 应使用专用接地线(多股软裸铜线,截面积不小于 25 mm^2),不得将等位线作接地线使用。因此,事前需向设备管理单位询问有无三相短路接地线,数量是否能够满足本次检修需要。

(3) 根据检修项目认真确定所需的工器具及仪器、仪表和材料等,并列好清单。

(4) 根据检修任务确定派出人员数量,若工作地点位置偏远、交通不便、医疗条件差,则所派人员身体状况应良好,同时自带一些常用药品,并根据季节及工作地点具体情况,应考虑防犬、防虫及蛇咬伤等措施。

二、电气防火防爆

(一) 电气火灾和爆炸的原因

1. 电气设备或线路过热

电气设备正常工作时产生热量是正常的。因为电流通过导体,由于电阻存在而发热;导磁材料由于磁滞和涡流作用通过变化的磁场时发热;绝缘材料由于泄漏电流增加也可能导致温度升高。这些发热在正确设计、正确施工、正常运行时,其温度是被控制在一定范围内,一般不会产生危害。但设备过热就有可能酿成事故。电气线路过热原因主要有短路、过载、接触不良、铁芯发热及散热不良等。

另外,有些照明灯具如碘钨灯,工作时温度很高,1 000 W 碘钨灯表面温度可达 500℃~800℃。如果散热条件不好,长时间使用,很容易引起火灾。

2. 电火花和电弧

电火花是击穿放电现象,而大量的电火花汇集形成电弧。电火花和电弧都产生很高的温度,在易燃易爆场所它是一个极大的祸根。

有些电器正常工作时就产生火花,如触点闭合和断开过程、整流子和滑环电机的炭刷处、插销的插入和拔出、按钮和开关的断合过程等,这些是工作火花。有些则是线路、电器故障引起的火花,如熔断器熔断时的火花、过电压火花、电机扫膛火花、静电火花、带电作业失误操作引起的火花等则是事故火花。无论是正常火花还是事故火花,在防火防爆环境中都要限制和避免。

另外,白炽灯点燃时破裂、氢冷电机爆破、电瓶充电时爆破、充油设备(电容器、电力变压器、充油套管等)在电弧作用下爆破等也都容易引起火灾和爆炸。

(二) 电气防火防爆措施

1. 防爆电气设备的分类

防爆电气设备按其结构不同分为8种类型:

(1) 隔爆型(d):具有隔爆外壳的电气设备。这种设备把点燃爆炸性气体混合物的部件全部封闭在一个外壳内,能阻止外壳内部的火花、电弧和危险温度。

(2) 增安型(e):这类设备在正常运行时,不会产生点燃爆炸性气体混合物的火花、电弧和危险温度,并在结构上采取措施,提高安全程度,以避免在正常和规定过载条件下出现点燃现象。

(3) 本安型(i):本质安全型设备,在正常运行或标准试验条件下,所产生的火花或热效应均不能点燃爆炸性气体混合物的电气设备。

(4) 正压型(p):是具有保护外壳,且壳内充有保护气体,其压力保持高于周围爆炸性混合物的压力,以避免外部爆炸性气体混合物进入壳体内部的电气设备。

(5) 液浸型(o):是指将电气设备或电气设备部件整个浸在保护液体中,使设备不能够点燃液面上或外壳外部的电气设备。

(6) 充砂型(q):是指外壳内充填细颗粒材料,以便在规定使用条件下,外壳内产生的电弧、火焰传播到壳壁及颗粒材料表面的温度,均不能将周围的爆炸性气体混合物引爆的电气设备。

(7) 无火花型(n):是指正常运行时或标准、制造厂规定的异常条件下,不会产生引起点燃的火花或超过温度组别限制的最高表面温度的电气设备。

(8) 浇封型(m):是一种将整台设备或部分浇封在浇封剂中,在正常运行和认可的过载或认可的故障条件下不能点燃周围的爆炸性混合物的电气设备。

另外还有特殊型电气设备,如气密型、限制呼吸型等。粉尘防爆型电气设备是指其外壳按规定条件设计制造,能阻止或虽不能完全阻止粉尘进入电气外壳内,但其进入量不会妨碍设备安全运行,内部粉尘的堆积不易产生点燃危险,使用时也不会引起周围粉尘爆炸性混合物爆炸的电气设备。

2. 防爆电气设备的选用

选用防爆电气设备应考虑环境温度、湿度、大气压及外壳防护等级等。如果是在户外使用防爆电气设备,其外壳防护等级不得低于IP54。此外,还要考虑其他环境条件对防爆性能的影响(如危险化学品作业场所中普遍存在的既有易燃易爆的危险,同时还受到化学腐蚀,或烟雾,或高温、高湿,或沙尘、雨水,或振动的影响)。电气设备结构应满足电气设备在规定的运行条件下降低防爆性能的要求。设备选型不必高选,对于同等级别的产品应考虑价格、寿命、可靠性、运行费用和耗能、备件的可获得性等因素。

为了选择适用于爆炸性危险场所的电气设备,要了解危险场所的区域类别、爆炸性气体的引燃温度、电气设备分类和小类、相关的气体或蒸汽分级以及外部影响和环境温度。只有同时满足上述要求的电气设备,才是正确的选型。

为了选择适用于可燃性粉尘环境的电气设备,需要了解可燃性粉尘层的厚度,最高表面温度及可燃性粉尘的特性等。

3. 防火间距和通风

选择合理的安装位置,保持必要的安全间距,也是防火防爆的一项重要措施。为了防止电火花或危险温度引起火灾,对开关、插座、熔断器、电热器具、焊接设备、电动机等,均应避开易燃物,保持必要的安全距离。

(1) 室外变配电装置与建筑物的间距应保持 12~40 m,与爆炸危险场所间距应不小于 30 m,与易燃和可燃液体贮罐的间距应保持 25~90 m,与液化石油罐的间距应保持 40~90 m。

(2) 变压器油量越大、建筑物耐火等级越低或危险物品的贮存量越大,所要求的间距也越大,必要时应加设防火墙。

露天变配电装置不应设置在易沉积可燃粉尘或可燃纤维的地方。

(3) 10 kV 及以下的变配电所不应设在爆炸危险场所的正上方或正下方;变配电所与 Q-1 级和 G-1 级爆炸危险场所毗连时,最多只能有两面相连的墙与之共用;与 Q-2、Q-3 或 G-2 级危险场所毗连时,最多只能有 3 面墙与之共用。

10 kV 及以下的变配电所不应设在火灾危险场所的正上方或正下方,但可以与火灾危险场所隔墙毗连。变配电室允许通过的走廊、套间的门应由非燃性材料制成,而且除 H-3 级场所外,门应有自动关闭装置。

1 kV 以下的配电室,可允许用难燃材料制成的门与 Q-3 级、H-1 级、H-2 级场所相通。

(4) 变配电室与危险场所毗连时,隔墙应是非燃性材料。与 Q-1 级、G-1 级场所的共用墙上不应有任何管子、沟道穿过;与 Q-2 级、Q-3 级、G-2 级场所共用的墙上只允许穿过与配电有关的管子和沟道,孔洞处应用非燃性材料堵严,毗连变配电室的门窗应向外开,通向没有火灾和爆炸危险的场所。

(5) 10 kV 以下架空线路,严禁跨越火灾和爆炸危险场所。当线路与火灾和爆炸危险场所接近时,其水平距离不小于杆柱高度的 1.5 倍,特殊情况下,允许在采取措施后适当减小距离。

(6) 空气中易燃、易爆危险物质浓度较高场所,应尽量考虑排风系统,但其排风方向要远离变配电装置。良好的通风装置,能降低爆炸性混合物浓度,场所的危险等级也可以降低考虑。但一般只能降低一级考虑。

(7) 对充气型防爆电气设备和危险场所的通风要求：

① 通风、充气系统必须由非燃性材料制成，并且结构牢固、连接紧密。

② 通风、充气系统内不得有阻碍气流的死角。

③ 电气系统和通风、充气系统有联锁，运行前必先送风。当通过的气体量大于系统容积的5倍时，才能接通电气设备电源。

④ 进入通风、充气系统的新气，不应含有爆炸危险性物质或其他有害物质。

⑤ 充气系统运行时，内部正压不低于20 mm水柱，当低于10 mm水柱时，应自动断开电气主电源或发出信号。

⑥ 通风系统排出的废气，不应流入其他场所。

⑦ 通风、充气系统的门、盖等，应有警告标志或联锁装置，防止运行中错误打开。

4. 接地（接零）要求

爆炸危险场所的接地（接零），较一般场所要求要高，所以要注意以下几点：

(1) 除了生产上有特殊要求以外，在一般场所不需要接地（接零）的，在防爆环境中仍须接地（接零）。

(2) 在防爆场所，必须将所有设备的金属部分、金属管道以及建筑物的金属结构等全部接地（接零），并连接成连续整体，保持电流途径不中断。接地（接零）干线至少有两处与接地体可靠连接，以保证可靠。

(3) Q-1级、G-1级场所内所有电气设备，和Q-2级场所内除照明灯具外的其余电气设备，均应使用专用的接地（接零）线，并应接在电气设备封闭接线盒内的专用接地螺柱上。而金属管道、电缆金属外皮等只能作为本体辅助接地（接零）线用。Q-2级场所内的照明灯具和Q-3、G-2级场所内的所有电气设备，允许利用连接可靠的金属管道或金属构架做接地（接零）线使用（输送爆炸性物质的管道除外）。

(4) 必须执行三相五线制。单相线路相线和工作零线都装短路保护，并装设双极刀闸，便于同时操作相线和工作零线。

(5) 在爆炸危险场所，中性点不直接接地的供电系统中，供电时必须装设能发出信号的绝缘监视装置。

(6) 在爆炸危险场所中性点直接接地的供电系统中，接地导线截面积的选择应当大一些：最小单相短路电流不得小于保护该段线路熔断器额定电流的5倍，或自动开关瞬时（短延时）动作过电流脱扣器整定电流的1.5倍。

(三) 电气火灾的扑救

1. 断电后灭火

火灾发生后，电气设备因绝缘损坏而碰壳短路，线路因断线而接地，使正常不带电的金属构架、地面等部位带电，导致因接触电压或跨步电压而发生触电事故。因此，发现火灾时应首先切断电源。切断电源时应注意以下几点：

(1) 火灾发生后,由于受潮或烟熏,开关设备的绝缘能力会降低,因此拉闸时应使用绝缘工具操作。

(2) 高压设备应先操作油断路器,而不应该先拉隔离刀闸,防止引起弧光短路。

(3) 切断电源的地点要适当,防止影响灭火工作。

(4) 剪断电线时,不同相线应在不同部位剪断,防止造成相间短路。剪断空中电线时,剪断位置应选择在电源方向支持物附近,防止电线切断后,断头掉地发生触电事故。

(5) 带负载线路应先停掉负载,再切断着火现场电线。

2. 带电灭火安全要求

为了争取时间,防止火灾扩大,来不及断电或因生产需要及其他原因不能断电时,则需带电灭火,带电灭火须注意以下几个方面:

(1) 应按灭火剂的种类选择适当灭火器,二氧化碳或干粉灭火器的灭火剂都是不导电的,可用于带电灭火。

(2) 用水枪灭火时宜采用喷雾水枪。这种水枪通过水柱的泄漏电流较小,带电灭火比较安全。用普通直流水枪灭火时,为防止经过水柱泄漏的电流通过人体,可以将水枪喷嘴接地(将喷嘴用导线接向接地极或接地网,或接向粗铜线网络鞋套),或要求灭火人戴绝缘手套和穿绝缘靴和均压服进行操作。

(3) 人体与带电体之间要保持必要的安全距离。用水灭火时,水喷嘴至带电体的距离:110 kV 及以下应大于 3 m,220 kV 及以上应大于 5 m。用二氧化碳等不导电的灭火器灭火时,机体、喷嘴至带电体的最小距离:10 kV 应不小于 0.4 m,35 kV 应不小于 0.6 m。

(4) 对架空线路等高空设备进行灭火时,人体位置与带电体之间的仰角不应超过 45°,防止导线断路而危及灭火人员的安全。

(5) 如遇带电导线断落地面上,要划出一定范围的警戒区域,防止跨步电压触电。

3. 充油设备灭火

扑灭充油设备火灾时,应注意以下几点:

(1) 充油电气设备容器外部着火时,可以采用水、二氧化碳、干粉等灭火剂带电灭火;灭火时,也要保持一定的安全距离。

(2) 如果充油电气设备容器内部着火,除应切断电源外,有事故贮油池的应设法将油放入事故贮油池,并用喷雾水枪灭火;不得已时可用砂子、泥土灭火。

(3) 发电机和电动机等旋转电机着火时,为防止轴与轴承变形,可令其慢慢转动,用喷雾水枪灭火,使之均匀冷却;也可用二氧化碳、蒸汽灭火,但不宜用干粉、砂子、泥土灭火,以免损伤电气设备的绝缘。

4. 常见灭火器的使用

灭火器是人们用来扑灭各种初起火灾的很有效的灭火器材,其中小型的有手提式和背负式灭火器,比较大一点的为推车式灭火器。根据灭火剂的多少,也有不同规格。

(1) 干粉灭火器的使用。干粉灭火器是利用二氧化碳气体或氢气气体作动力,将筒内的干粉喷出灭火的。主要用于扑救石油、有机溶剂等易燃液体、可燃气体和电气设备的初起火灾。干粉灭火器按移动方式可分为手提式、背负式和推车式3种。

使用外装式手提灭火器时,一只手握住喷嘴,另一只手向上提起提环,干粉即可喷出。

使用推车式灭火器时,将其后部向着火源(在室外应置于上风方向),先取下喷枪,展开出粉管(切记不可有拧折现象),再提起进气压杆,使二氧化碳进入贮罐,当表压升至0.7～1.0 MPa时,放下进气压杆停止进气。这时打开开关,喷出干粉,由近至远扑火。扑救油类火灾时,不要使干粉气流直接冲击油渍,以免溅起油面使火势蔓延。

使用背负式灭火器时,应站在距火焰边缘5～6 m处,右手紧握干粉枪握把,左手扳动转换开关到"3"号位置(喷射顺序为3、2、1),打开保险机,将喷枪对准火源,扣扳机,干粉即可喷出。如喷完一瓶干粉未能将火扑灭,可将转换开关拨到2号或1号的位置,连续喷射,直到射完为止。

(2)二氧化碳灭火器。二氧化碳灭火器是充装液态二氧化碳,利用气化的二氧化碳气体能够降低燃烧区温度,隔绝空气并降低空气中氧含量来进行灭火的。主要用于扑救贵重设备、档案资料、仪器仪表、600 V以下的电气设备及油类初起火灾,不能扑救钾、钠等轻金属火灾。

二氧化碳灭火器主要由钢瓶、启闭阀、虹吸管和喷嘴等组成。常用的又分为MT型手轮式和MTZ型鸭嘴式两种。

使用手轮式灭火器时,应手提提把,翘起喷嘴,打开启闭阀即可。

使用鸭嘴式灭火器时,用右手拔出鸭嘴式开关的保险销,握住喷嘴根部,左手将上鸭嘴往下压,二氧化碳即可以从喷嘴喷出。使用二氧化碳灭火器时,一定要注意安全措施。因为空气中二氧化碳含量达到8.5%时,会使人血压升高、呼吸困难;当含量达到20%时,人就会呼吸衰弱,严重者可窒息死亡。所以,在狭窄的空间使用后应迅速撤离或戴呼吸器。其次,要注意不要逆风使用。因为二氧化碳灭火器喷射距离较短,逆风使用可使灭火剂很快被吹散而妨碍灭火。此外,二氧化碳喷出后迅速排出气体并从周围空气中吸取大量热,因此,使用中要防止冻伤。

三、防雷防静电

(一)防静电

与流电相比,静电是相对静止的电荷。静电现象是一种常见的带电现象,如雷电、电容器残留电荷、摩擦带电等。静电既有有利的一面,也有有害的一面。以下主要介绍静电的危害及防静电要求。

1. 静电的危害

静电的危害方式有爆炸和火灾、电击、妨碍生产。

(1)爆炸和火灾:静电电量虽然不大,但因其电压很高而容易发生放电,产生静电火花。在具有可燃液体的作业场所(如油品装运场所),可能因静电火花引起火灾;在具有爆炸性粉尘或爆炸性气体、蒸汽的作业场所（如煤粉、面粉、铝粉、氢气等），可能因静电火花引起爆炸。

(2) 电击：当人体接近带静电体的时候，带静电荷的人体（人体所带静电可高达上万伏）在接近接地体的时候就有可能发生电击。由于静电能量很小，静电电击不至于直接致命，但可能因电击坠落摔倒引起二次事故。

(3) 妨碍生产：在某些生产过程中，如不清除静电，将会妨碍生产或降低产品质量。例如纺织行业，静电使纤维缠结、吸附尘土，降低纺织品质量；在印刷行业，静电使纸张不齐，不能分开，影响印刷速度和质量；静电还可能引起电子元件误动作。

2. 防静电安全要求

消除静电危害的措施大致有接地法、泄漏法、中和法和工艺控制法。

(1) 接地法。接地是消除静电危害最简单的方法。接地主要用来消除导电体上的静电，不宜用来消除绝缘体上的静电。

在有火灾和爆炸危险的场所，为了避免静电火花造成事故，应采取下列接地措施：

凡用来加工、贮存、运输各种液体、气体和粉体的设备，贮存池、贮存缸以及产品输出设备，封闭的运输装置、排注设备、混合器、过滤器、干燥器、升华器、吸附器等都必须接地。如果袋形过滤器由纺织品类似物品制成，可以用金属丝穿缝并予以接地。厂区及车间的氧气、乙炔等管道必须连接成一个连续的整体，并接地。注油漏斗、浮动缸顶、工作站台等辅助设备或工具均应接地。汽车油槽车行驶时，由于汽车轮胎与路面有摩擦，汽车底盘上可能产生危险的静电电压。为了导走静电电荷，油槽车应带金属链条，链条的上端和油槽车底盘相连，另一端与大地接触。某些危险性较大的场所，为了使转轴可靠接地，可采用导电性润滑油或采用滑环、碳刷接地。

静电接地装置应当连接牢靠，并有足够的机械强度，可以同其他目的接地用一套接地装置。

(2) 泄漏法。采取增湿措施和采用抗静电添加剂，促使静电电荷从绝缘体上自行消散，这种方法称为泄漏法。

增湿就是提高空气的湿度。这种消除静电危害的方法应用比较普遍。增湿的主要作用在于降低带静电绝缘体的绝缘性，或者说增强其导电性，这就减小了绝缘体通过本身泄放电荷的时间常数，提高了泄放速度，限制了静电电荷的积累。

加抗静电添加剂，抗静电添加剂是特制的辅助剂。有的添加剂加入产生静电的绝缘材料以后，能增加材料的吸湿性或离子性，从而把材料的电阻率降低，以加速静电电荷的泄放。

采用导电材料或低能缘材料。采用金属工具代替绝缘工具，在绝缘材料制成的容器内层，衬以导电层或金属网络，并予以接地；采用导电橡胶代替普通橡胶等，都会加速静电电信的泄漏。

(3) 静电中和法。静电中和法是消除静电危害的重要措施。静电中和法是在静电电荷密集的地方设法产生带电离子,将该处静电电荷中和掉,可用来消除绝缘体上的静电。静电中和法依其产生相反电荷或带电离子的方式不同,主要有以下 4 种类型。

① 感应中和器:感应中和器没有外加电源,一般由多组尾端接地的金属针及其支架组成。根据生产工艺过程的特点,中和器的金属针可以成刷形布置,可以沿径向成管形布置,也可以按其他方式布置。

② 接电源中和器:这种中和器由外加电源产生电场,当带有静电的生产物料通过该电场区域时,其上电荷发生定向移动而被中和和泄放;另外,外加电源产生的电场还可以阻止电荷的转移,减缓静电的产生;同时,外加高压电场对电介质也有电离作用,可加速其电荷的中和与泄放。

③ 射线中和器:这种中和器是利用放射性同位素的射线使空气电离,进而中和与泄放生产物料上积累的静电电荷。α 射线、β 射线、γ 射线都可以用来消除静电。采用这种方法时,要注意防止射线对人体的伤害。

④ 离子风中和法:这种方法是把经过电离的空气,即所谓离子风,送到带有静电的物料中以消除静电。这种方法作用范围较大,但必须有离子风源设备。

(4) 工艺控制法。前面说到的增湿就是一种从工艺上消除静电危险的措施。不过,增湿不是控制静电的产生,而是加速静电电荷的泄漏,避免静电电荷积累到危险程度。在工艺上,还可以采用适当措施,限制静电的产生,控制静电电荷的积累。

(二) 防雷

雷电的种类较多,按危害方式分为直击雷、感应雷和雷电侵入波,按形状分为线形、片形和球形 3 种。

1. 雷电的危害

雷电的危害分为电作用的破坏、热作用的破坏、机械作用的破坏。

(1) 电作用的破坏:雷电数十万至数百万伏的冲击电压可能毁坏电气设备的绝缘,造成大面积停电。

(2) 热作用的破坏:巨大的雷电流通过导体,在极短的时间内转换成大量的热能,使金属熔化飞溅而引起火灾和爆炸。

(3) 机械作用的破坏:巨大的雷电流通过被击物时,瞬间产生大量的热,使被击物内部的水分或其他液体急剧汽化,剧烈膨胀大量气体,致使被击物破坏或爆炸。

2. 防雷措施

(1) 建筑物防雷措施。各类建筑物防雷措施应采取防直击雷和防雷电波侵入的措施。建筑物可利用基础内钢筋网作为接地体;可利用外缘柱内外侧两根主筋作为防雷引下线;应将 45 m 以上外墙上的栏杆、门窗等较大的金属物与防雷装置连接以防侧击雷;建筑物上面可装设避雷针、避雷带、避雷网、消雷器。

(2) 架空线路防雷措施。提高线路本身的绝缘水平;用三角形顶线作保护线;装设自动重合闸装置或自重合熔断器。

(3) 变、配电所的防雷措施。装设避雷针、半导体少长针消雷器用来保护整个变、配电所建(构)筑物,使之免遭直击雷;高压侧装设阀型避雷器或保护间隙,用来保护主变压器,以免高电位沿高压线路侵入变电所,损坏变电所这一最主要的设备。为此,要求避雷器或保护间隙应尽量靠近变压器安装,其接地线应与变压器低压中性点及金属外壳连在一起接地。低压侧装设阀型避雷器或保护间隙主要在多雷区使用,以防止雷电波由低压侧侵入而击穿变压器的绝缘。当变压器低压侧中性点不接地时,其中性点也应加装避雷器或保护间隙。

四、低压电气设备安全

(一) 工作环境

1. 工作环境的划分

从触电的角度出发,工作环境可分为普通环境、危险环境和高度危险环境。应当根据所在环境触电危险的程度,选用适当的电气设备。

(1) 普通环境,即触电危险性小的环境。这类环境必须是干燥(相对湿度不超过75%)、无导电性粉尘的环境。而且,其金属物品、构架、机器设备不多,金属占有系数(金属物品所占面积与建筑物面积之比)不超过20%。此外,这类环境的地板必须是木材、沥青或瓷砖等非导电性材料制成的。

属于普通环境的,有仪表厂的装配大楼、一般机械厂采用的中央试验室、办公室、住宅、公共建筑和生活建筑物等。

(2) 危险环境。凡是具备下列条件之一的,均属于危险环境,即触电危险性大的环境:

① 潮湿(相对湿度通常为75%);

② 有导电性粉尘;

③ 炎热、高温(气温经常高于30℃);

④ 有泥、砖、湿木板、钢筋混凝土、金属或其他导电性的地面;

⑤ 金属占有系数大于20%。

属于危险环境的,有机械厂的金工车间和锻工车间、冶金厂的压延车间、拉丝车间、电炉电极和电机电刷制造车间、锅炉煤粉磨制车间、水泵房、空压站、室内外变配电站、成品库、车辆库等。

(3) 高度危险环境。凡是特别潮湿(相对湿度接近100%)、有腐蚀性气体或有游离物的环境均属于高度危险的环境。具有以上危险环境条件中的两条也属于高度危险的环境。属于高度危险环境的,有机械厂的铸工车间、锅炉房、酸洗车间、电镀车间,印染厂的调色源车间,化学工厂的大多数车间等。

各种环境在不同程度上要受到季节、天气等外界的影响,任何环境都不可能是一成不变的。所以,上述对工作环境的划分不是绝对的。通常情况下,潮气、粉尘、腐蚀性气体或蒸汽及高温都会对电气设备的绝缘起到破坏作用,增加触电的危险。

2. 电气设备选择

选用电气设备时,要注意工作环境触电的危险性及工作环境爆炸和火灾的危险性。

(1) 不同工作环境的电气设备:

① 开启式。这类设备的带电部分没有任何防护,很容易触及其带电部分。这类设备只用于触电危险性小而且人不易接近的环境。

② 防护式。这类设备的带电部分有罩或网加以防护,人不易触及其带电部分,但潮气、粉尘等能够侵入。这类设备只宜用于触电危险性小的环境。

③ 封闭式。这类设备的带电部分有严密的罩盖,潮气、粉尘等不易侵入。这类设备可用于触电危险性大的环境。

④ 密闭式和防爆式。这类设备内部与外部完全隔绝,可用于触电危险性大、有爆炸危险或有火灾危险的环境。

(2) 电气设备选择的一般原则:供配电系统中电气设备的选择,既要满足在正常工作时能安全可靠运行,同时还要满足在发生短路故障时不致产生损坏。开关电器还必须具有足够的断流能力,并适应所处的位置(户内或户外)、环境温度、海拔高度,以及防尘、防火、防腐、防爆等环境条件。

① 按工作环境及正常工作条件选择电气设备。根据设备所在位置(户内或户外)、使用环境和工作条件,选择电气设备按工作电压选择电气设备的额定电压。按最大负荷电流选择电气设备的额定电流。电气设备的额定电流 I_N 应不小于实际通过它的最大负荷电流 I_{max}(或计算电流 I_j),即 $I_N \geqslant I_{max}$ 或 $I_N \geqslant I_j$。

② 按短路条件校验电气设备的动稳定和热稳定。为保证电气设备在短路故障时不致损坏,按最大可能的短路电流校验电气设备的动稳定和热稳定。

动稳定:电气设备在冲击短路电流所产生的电动力作用下,电气设备不致损坏。

热稳定:电气设备载流导体在最大瞬态短路电流作用下,其发热温度不超过载流导体短时的允许发热温度。

③ 开关电器断流能力校验。断路器和熔断器等电气设备担负着可靠切断短路电流的任务,所以开关电器还必须校验断流能力,开关设备的断流容量不小于安装地点的最大三相短路容量。

(二) 基本要求

为了保证对用电场所的正常供电,对配电屏上的仪表和电器应经常进行检查和维护,并做好记录,以便随时分析运行及用电情况,及时发现问题和消除隐患。

对运行中的低压配电屏,通常应检查以下内容:

(1) 配电屏及屏上的电气元件的名称、标志、编号等是否清楚、正确,盘上所有的操作把手、按钮和按键等的位置与现场实际情况是否相符,固定是否牢靠,操作是否灵活。

(2) 配电屏上表示"合""分"等信号灯和其他信号指示是否正确。

(3) 隔离开关、断路器、熔断器和互感器等的触点是否牢靠,有无过热、变色现象。

(4) 二次回路导线的绝缘是否破损、老化。

(5) 配电屏上标有操作模拟板时,模拟板与现场电气设备的运行状态是否对应。

(6) 仪表或表盘玻璃是否松动,仪表指示是否正确。

(7) 配电室内的照明灯具是否完好,照度是否明亮均匀,观察仪表时有无眩光。

(8) 巡视检查中发现的问题应及时处理,并记录。

(三) 低压照明

照明方式主要分为一般照明、局部照明及混合照明。

选择照明光源应考虑到各种光源的优缺点、使用场所、额定电压以及照度的需要等方面。电灯额定电压的选择主要应从人身安全的角度出发来考虑。在触电机会较多危险性较大的场所,局部照明和手提照明(如机床照明)应采用额定电压 36 V 以下的安全灯,并应配用行灯变压器降压。对于安装高度能符合规程规定(一般情况下灯头距地面不低于 2 m,特殊情况下不低于 1.5 m),触电机会较少、触电危险性较小的场所,一般采用额定电压为 220 V 的普通照明灯,这样不需降压变压器,投资小,安装方便。

1. 照明设备的安装

照明设备包括照明开关、插座、灯具、导线等。

(1) 照明开关的安装要求:

① 扳把开关距地面高度一般为 1.2~1.4 m,距门框为 150~200 mm。

② 拉线开关距地面一般为 2.2~2.8 m,距门框为 150~200 mm。

③ 多尘潮湿场所和户外应用防水瓷质拉线开关或加装保护箱。

④ 在易燃、易爆和特别场所,开关应分别采用防爆型、密闭型的或安装在其他处所控制。

⑤ 暗装的开关及插座应装牢在开关盒内,开关盒应有完整的盖板。

⑥ 密闭式开关,保险丝不得外露,开关应串接在相线上,距地面的高度为 1.4 m。

⑦ 仓库的电源开关应安装在库外,以保证库内不工作时库内不充电。单极开关应装在相线上,不得装在零线上。

⑧ 当电器的容量在 0.5 kW 以下的电感性负荷(如电动机)或 2 kW 以下的电阻性负荷(如电热、白炽灯)时,允许采用插销代替开关。

(2) 插座的安装要求:

① 不同电压的插座应有明显的区别,不能互用。

② 凡为携带式或移动式电器用的插座,单相应用三眼插座,三相应用四眼插座,其接地孔应与接地线或零线接牢。

③ 明装插座距地面不应低于 1.8 m,暗装插座距地面不应低于 30 cm,儿童活动场所的插座应用安全插座,或高度不低于 1.8 m。

(3) 插座的选择与接线：插座有单相二孔、单相三孔和三相四孔之分，民用建筑插座容量有 10 A、16 A。选用插座要注意其额定电流值应与通过的电器和线路的电流值相匹配，如果过载，极易引发事故。选型时还要注意有长城标志的产品，插座接线时不能接错。

(4) 灯具的安装要求：

① 白炽灯、日光灯等电灯吊线应用截面不小于 $0.75\ mm^2$ 的绝缘软线。

② 照明每一回路配线容量不得大于 $2\ kW$。

③ 螺口灯头的安装，在灯泡装上后，灯泡的金属螺口不应外露，且应接在零线上。

④ 照明 220 V 灯具的高度应符合下列要求：潮湿、危险场所及户外不低于 $2.5\ m$。生产车间、办公室、商店、住房等一般不应低于 $2\ m$。

⑤ 灯具低于上述高度，而又无安全措施的车间照明以及行灯，机床局部照明灯应使用 36 V 以下的安全电压。

⑥ 露天照明装置应采用防水器材，高度低于 2 m 应加防护措施，以防意外触电。

⑦ 碘钨灯、太阳灯等特殊照明设备，应单独分路供电，不得装设在有易燃、易爆物品的场所。

⑧ 在有易燃、易爆、潮湿气体的场所，照明设施应采用防爆式、防潮式装置。

2. 照明电路常见故障及检修

照明电路的常见故障主要有断路、短路和漏电 3 种。

(1) 断路。产生断路的原因主要是熔丝熔断、线头松脱、断线、开关没有接通、铝线接头腐蚀等。

如果一个灯泡不亮而其他灯泡都亮，应首先检查是否灯丝烧断，若灯丝未断则应检查开关和灯头是否接触不良、有无断线等。为了尽快查出故障点，可用试电笔测灯座(灯口)的两极是否有电，若两极都不亮说明相线断路；若两极都亮(带灯泡测试)，说明中性线(零线)断路；若一极亮一极不亮，说明灯丝未接通，对于日光灯，还应对其启解器进行检查。

如果几盏电灯都不亮，应首先检查总保险是否熔断或总闸是否接通。也可按上述方法和试电笔判断故障点在总相线还是总零线上。

(2) 短路。造成短路的原因大致有以下几种。

① 用电器具接线不好，以至接头碰在一起。

② 灯座或开关进水，螺口灯头内部松动或灯座顶芯歪斜，造成内部短路。

③ 导线绝缘外皮损坏或老化损坏，并在零线和相线的绝缘处碰线。

发生短路故障时，会出现打火现象，并引起短路保护动作(熔丝烧断)。当发现短路打火或熔丝熔断时，应先查出发生短路的原因，找出短路故障点，并进行处理后再更换保险丝，恢复送电。

(3) 漏电。相线绝缘损坏而接地、用电设备内部绝缘损坏使外壳带电等原因，均会造成漏电。漏电不但造成电力浪费，还可能造成人身触电伤亡事故。

漏电保护装置一般采用漏电开关。当漏电电流超过整定电流值时，漏电保护器动作，切断电路。若发现漏电保护器动作,则应查明漏电接地点,进行绝缘处理后再送电。

(四) 电气线路安全

电气线路安全基本要求、常见故障检查和巡视检查是电气线路满足供电可靠性的重要保证,是电力系统安全运行的重要组成部分。

1. 电气线路安全基本要求

(1) 导电能力。导线的导电能力包含发热、电压损失和短路电流等3个方面的要求。

① 发热条件。为防止线路过热,保证线路正常工作,导线运行最高温度不得超过下列限值:

橡皮绝缘线	65℃
塑料绝缘线	70℃
裸线	70℃
铅包或铝包电缆	80℃
塑料电缆	65℃

② 电压损失。电压损失是受电端电压与供电端电压之间的代数差。电压损失太大,不但用电设备不能正常工作,而且可能导致电气设备和电气线路发热。

电压太高将导致电气设备的铁芯磁通增大和照明线路电流增大;电压太低可能导致接触器等吸合不牢,吸引线圈电流增大;对于恒功率输出的电动机,电压太低也将导致电流增大;过低的电压还可能导致电动机堵转。以上这些情况都将导致电气设备损坏和电气线路发热。

我国有关标准规定,对于供电电压,10 kV 及以下动力线路的电压损失不得超过额定电压的 $\pm 7\%$,低压照明线路和农业用户线路不得超过 $-10\% \sim 7\%$。

③ 短路电流。为了短路时速断保护装置能可靠动作,短路时必须有足够大的短路电流。这也要求导线截面不能太小。另一方面,由于短路电流较大,导线应能承受短路电流的冲击而不被破坏。

(2) 机械强度。运行中的导线将受到自重、风力、热应力、电磁力和覆冰重力的作用。因此,必须保证足够的机械强度。应当注意,移动式设备的电源线和吊灯引线必须使用铜芯软线,而除穿管线之外,其他型式的配线不得使用软线。

(3) 间距。间距是电气线路与建筑物、树木、地面、水面、其他电气线路以及各种工程设施之间的安全距离。架空线路电杆埋设深度不得小于 2 m,并不得小于杆高的 1/6。

接户线和进户线的故障比较多见。安装低压接户线应当注意以下各项间距要求:

① 如下方是交通要道,接户线离地面最小高度不得小于 6 m;在交通困难的场合,接户线离地面高度不得小于 3.5 m。

② 接户线不宜跨越建筑物,必须跨越时,离建筑物高度不得小于 2.5 m。

③ 接户线离建筑物突出部位的距离不得小于 0.15 m,离下方阳台的垂直距离不得小

于 2.5 m,离下方窗户的垂直距离不得小于 0.3 m,离上方窗户或阳台的垂直距离不得小于 0.8 m,离窗户或阳台的水平距离也不得小于 0.8 m。

④ 接户线与通讯线路交叉,接户线在上方时,其间垂直距离不得小于 0.6 m;接户线在下方时,其间垂直距离不得小于 0.3 m。

⑤ 接户线与树木之间的距离不得小于 0.3 m。

如不能满足上述距离要求,须采取其他防护措施。除以上安全距离的要求外,还应注意接户线长度一般不得超过 25 m;接户线应采用绝缘导线,铜导线截面积不得小于 2.5 mm^2(最好不小于 2 mm^2),铝导线截面积不得小于 10 mm^2;接户线不宜从变压器台电杆引出,由专用变压器附杆引出的接户线应采用多股导线;接户线与配电线路之间的夹角达到 45°时,配电线路的电杆上应安装横挡;接户线不得有接头。

(4) 导线连接。导线有焊接、压接、缠接等多种连接方式。导线连接必须紧密。原则上导线连接处的机械强度不得低于原导线机械强度的 80%;绝缘强度不得低于原导线的绝缘强度;接头部位电阻不得大于原导线电阻的 1.2 倍。

2. 线路故障原因分析

(1) 绝缘损坏。绝缘损坏后依据损坏的程度可能出现以下两种情况。

① 短路。绝缘完全损坏将导致短路。短路时流过线路的电流增大为正常工作电流的数倍到数十倍,而导线发热又与电流的平方成正比,以致发热量急剧增加,短时间即可起火燃烧。如短路时发生弧光放电,高温电弧可能烧伤邻近的工作人员,也可能直接引起燃烧。此外,在短路状态下,一些裸露导体将带有危险的故障电压,可能给人以致命的电击。

② 漏电。如绝缘未完全损坏,将导致漏电。漏电是电击事故最多见的原因之一。另一方面,漏电处局部发热。局部温度过高可能直接导致起火,亦可能使绝缘进一步损坏,形成短路,由短路引起火灾。此外,如果导体接地,由于接地电流与短路电流相差甚远,虽然线路不致由接地电流产生的热量引燃起火,但接地处的局部发热和电弧可导致起火燃烧。

线路绝缘可由多种方式导致损坏。例如,雷击等过电压的作用可使绝缘击穿而受到破坏;线路过长时间的使用,绝缘将因老化而失去原有的电气性能和机械性能;由于内部原因或外部原因长时间过热、化学物质的腐蚀、机械损伤和磨损、受潮发霉、恶劣的自然条件、小动物或昆虫的啃咬以及操作人员不慎损伤均可能使绝缘遭到破坏。此外,导电性粉尘或纤维沉积在绝缘体表面上将破坏其表面绝缘性能而导致漏电或短路;胶木绝缘受电弧作用后,其表面可能发生炭化,并由此导致新的更为强烈的弧光短路。

(2) 接触不良。电气连接部位包括导体间永久性的连接(如焊接)、可拆卸连接(如导线与接线端子的螺丝连接)和工作性活动连接(如各种电器的触头)。连接部位是电气线路的薄弱环节。如连接部位接触不良,则接触电阻增大,必然造成连接部位发热增加,乃至产生危险温度,构成引燃源。如连接部位松动,则可能放电打火,构成引燃源。

特别是铜导体与铝导体的连接,如没有采用铜铝过渡段,经过一段时间使用之后,很容易成为引燃源。

(3) 严重过载。过载将使绝缘加速老化。如过载太多或过载时间太长,将造成导线过热,带来引燃危险。此外,过载还会增大线路上的电压损失。过载的主要原因有二,一是使用者私自接用大量用电设备造成过载;二是设计者没有充分考虑发展的需要,没留太多富余量。应当指出,电气线路在冷态情况下短时间适量过载是允许的,但必须严格控制过载时间和过载量。

(4) 断线。断线可能造成接地、混线、短路等多种事故。导线断落在地面或接地导体上可能导致电击事故。导线断开或拉脱时产生的电火花以及架空线路导线摆动、跳动时产生的电火花均可能引燃邻近的可燃物起火燃烧。此外,三相线路断开一相将造成三相设备不对称运行,可能烧坏设备,中性线(工作零线)断开也可能造成负载三相电压不平衡,并烧坏用电设备。

(5) 间距不足和防护不善。线路安装中最为多见的问题是间距不足。间距不足可能导致碰撞短路、电击、漏电等事故,间距不足还妨碍正常操作。

(6) 保护导体带电。保护导体带电除可能导致电气设备外壳带电外,还可能引发火灾。

3. 线路巡视检查

巡视检查是运行维护的基本内容之一。通过巡视检查可及时发现缺陷,以便采取防范措施,保障线路的安全运行。巡视人员应将发现的缺陷记入记录本内,并及时报告上级。

(1) 架空线路巡视检查。架空线路巡视分为定期巡视、特殊巡视和故障巡视。定期巡视是日常工作内容之一。10 kV 及 10 kV 以下的线路,至少每季度巡视一次。特殊巡视是运行条件突然变化后的巡视,如雷雨、大雪、重雾天气后的巡视,以及地震后的巡视等。故障巡视是发生故障后的巡视,巡视中一般不得单独排除故障。

(2) 电缆线路巡视检查。电缆线路的定期巡视一般每季度一次,户外电缆终端头每月巡视一次。

(五) 电缆桥架、线槽的安装及敷线

电缆桥架、线槽是新建工程电气线路敷设的主要方式之一。它的优点是便于维修、更换线路。桥架、线槽的安装及敷线要符合《建筑电气工程施工质量验收规范》(GB 50303)要求,本节主要介绍基本要求。

1. 电缆桥架和线槽的安装要求

(1) 金属桥架和线槽及其支架全长不少于 2 处与接地(PE)或接零(PEN)干线相连接。

(2) 非镀管桥架间连接板的两端及非镀锌线槽间连接板两端要跨接铜芯接地线,其最小截面积不小于 4 mm^2。

(3) 镀管桥架间连接板及线槽间连接板间的两端不跨接接地线,但连接板两端不少于 2 个有防松螺帽或防松垫圈的连接固定螺栓。

(4) 桥架应敷设在易燃易爆气体管道和热力管道的下方,与管道的最小净距应符合表 8-1 规定。

表 8-1 桥架与管道的最小净距

管道类别		平行净距/m	交叉净距/m
一般工艺管道		0.4	0.3
热力管道	有保温层	0.5	0.3
	无保温层	0.1	0.5
易燃易爆气体管道		0.5	0.5

(5) 敷设在竖井内和穿越不同防火区的桥架,应按设计要求,有防火隔堵措施。

(6) 桥架用支架间螺栓、桥架连接板螺栓固定牢固,螺母位于桥架外侧。

2. 桥架内电缆敷设要求

(1) 大于 45°倾斜敷设的电缆每隔 2 m 处设固定点。

(2) 水平敷设的电缆,首尾两端、转弯两侧及每隔 5～10 m 处设固定点。

(3) 敷设于垂直桥架内的电缆,要每隔 1 m 处设固定点。

(4) 电缆的首端、末端和分支处应设标志牌。

3. 线槽内敷线要求

(1) 同一回路的相线和零线,敷设于同一金属线槽内。

(2) 电线在线槽内有一定余量,不得有接头。电线按回路编号分段绑扎,绑扎间距不大于 2 m。

(3) 同一电源的不同回路,无抗干扰要求的线路,可敷设于同一线槽内,有抗干扰要求的线路应使用隔板隔离或用屏蔽电线,并要求屏蔽护套一端接地。

(4) 当采用多相供电时,电线的绝缘层颜色应一致,即保护地线(PE 线)应是黄绿相间色,零线淡蓝色。相线:L1 相黄色,L2 相绿色,L3 相红色。

(六) 主要低压电气设备的安全要求

低压电气设备主要包括低压保护电器、开关电器和电动机等。

1. 低压保护电器

保护电器主要包括各种熔断器、磁力起动器的热断电器、电磁式过电流继电器和失压(次压)脱扣器、低压断路器的热脱扣器、电磁式过电流脱扣器和失后(欠压)脱扣器等。熔断器和脱扣器的区别在于,前者带有触头,通过触头进行控制,后者没有触头,直接由机械运动进行控制。

(1) 保护类型。保护电器分别起短路保护、过载保护和失压(欠压)保护的作用。

(2) 电气设备外壳防护等级。电机和低压电器的外壳防护包括两种防护,第一种防护是对固体异物进入内部以及对人体触及内部带电部分或运动部分的防护;第二种防护是对水进入内部的防护。

(3) 熔断器。选用熔断器时,应注意其防护形式满足生产环境的要求;其额定电压符合线路电压；其额定电流满足安全条件和工作条件的要求；其极限分断电流大于线路上可能出现的最大故障电流；其保护特性应与保护对象的过载特性相适应；在多级保护的场合，为了满足选择性的要求，上一级熔断器的熔断时间一般应大于下一级的3倍。为保护硅整流装置，应采用有限流作用的快速熔断器。

同一熔断器可以配用几种不同规格的熔体，但熔体的额定电流不得超过熔断器的额定电流。熔断器的熔体与触刀、触刀与刀座应保持接触良好，触头钳口应有足够的压力。在有爆炸危险的环境，不得装设电弧可能与周围介质接触的熔断器；一般环境也必须考虑防止电弧飞出的措施。应当在停电以后更换熔体，不能轻易改变熔体的规格，不得使用不明规格的熔体，更不准随意使用铜丝或铁丝代替熔丝。

（4）热继电器。热继电器和热脱扣器是利用电流的热效应做成的。同一热继电器或同一热脱扣器可以根据需要配用几种规格的热元件，每种额定电流的热元件，动作电流均可在小范围内调整。为适应电动机过载特性的需要，热元件通过整定电流时，继电器或脱扣器不动作；通过1.2倍整定电流时，动作时间将近20 min；通过1.5倍整定电流时，动作时间将近2 min；为适应电动机启动要求，热元件通过6倍整定电流时，动作时间应超过5 s。可见其热容量较大，动作不可能太快，只宜做过载保护，而不宜做短路保护。继电器或脱扣器的动作电流整定为长期允许负荷电流的大小即可。

（5）电磁式继电器。不带延时的电磁式过电流继电器（或脱扣器）的动作时间不超过0.1 s，短延时的仅为0.1～0.4 s。这两种都适用于短路保护。从人身安全的角度看，采用这种过电流保护电器有很大的优越性，因为它能大大缩短碰壳故障持续的时间，迅速消除触电的危险。长延时的电磁式过电流继电器（或脱扣器）的动作时间都在1 s以上，而且具有反时限特性，适用于过载保护。

2. 开关电器

（1）刀开关。刀开关是手动开关。刀开关只能用于不频繁启动。用刀开关操作异步电动机时，开关额定电流应大于或等于电动机额定电流的3倍。

（2）选用低压断路器时，应当注意低压断路器的额定电压及其欠电压脱扣器的额定电压不得低于线路额定电压；断路器的额定电流及其过电流脱扣器的额定电流不应小于线路计算负荷电流；断路器的极限通断能力不应小于线路最大短路电流；低压断路器瞬时（或短延时）过电流脱扣器的整定电流应小于线路末端单相短路电流的2/3等。

低压断路器的瞬时动作过电流脱扣器的整定电流应大于线路上可能出现的峰值电流。低压断路器的瞬时动作过电流脱扣器动作电流的调整范围多为其额定电流的4～10倍。长延时动作过电流脱扣器应按照线路计算负荷电流或电动机额定电流整定，具有反时限特性，以实现过载保护。短延时动作过电流脱扣器一般都是定时限的，延时为0.1～0.4 s。该脱扣器亦按线路峰值电流整定，但其值应大于或等于下级低压断路器短延时或瞬时动作过电流脱扣整定值的1.2倍。一台低压断路器可能装有以上3种过电流脱扣器，也可能只装有其中的两种或一种。上级断路器保护特性应高于下级的保护特性，二者不能交叉。

（3）各等级接触器的磁系统是通用的，电磁铁工作可靠、损耗小、噪声小，具有很高的机械强度，线圈的接线端装有电压规格的标志牌，标志牌按电压等级着有特定的颜色，清晰醒目，接线方便，可避免因接错电压规格而导致线圈烧毁。

3. 电动机

电动机分为交流电动机和直流电动机两大类。交流电动机又分为异步电动机和同步电动机。因为异步电动机具有结构简单、价格低廉、工作可靠、维护方便等优点，所以被厂矿企业广泛采用。

（1）对新投入或大修后投入运行的电动机的要求。

① 三相交流电动机定子绕组、线绕式异步电动机的转子绕组的三相直流电阻偏差应小于2％。对某些只更换个别线圈的电动机，其直流电阻偏差应不超过5％。但当电源的三相电压平衡时，三相电流中任一相与三相平均值的偏差不得超过10％。

② 长时间（如3个月以上）停用的电动机，投入运行前要求用手电筒检查内部是否清洁，有无脏物，并用压缩空气（不超过两个大气压）或"皮老虎"吹扫干净。

③ 检查线路电压和电动机接法是否符合铭牌规定，电动机引出线与线路连接是否牢固，有无松动或脱落，机壳接地是否可靠。

④ 熔断器、断电保护装置、信号保护装置、自动控制装置均应调试到符合要求。

⑤ 检查电动机润滑系统，油质是否符合标准，有无缺油现象。对于强迫润滑的电动机，起动前还应检查油路系统有无阻塞，油温是否合适，循环油量是否合乎要求。电动机应经试运转正常后方可启动。

⑥ 各紧固螺丝不得松动。

⑦ 测量绝缘电阻是否符合规定要求。

⑧ 检查传动装置：皮带不得过松或过紧，连接要可靠，无伤裂迹象，联轴器螺丝及销子应完整、坚固，不得松动少缺。

⑨ 通风系统应完好，通风装置和空气滤清器等部件应符合有关规定要求。

（2）电动机的运行监视。

① 电动机电流是否超过允许值。

② 轴承的温度及润滑是否正常，电动机轴承的最高允许温度应遵守制造厂的规定。无制造厂的规定时，可按照下列标准：滑动轴承不得超过80℃，滚动轴承不得超过100℃。

③ 电动机有无异常声响。

④ 注意电动机及其周围的温度，保持电动机附近的清洁，电动机周围不应有煤灰、水气、油污、金属导线、棉纱头等，以免被卷入电动机内。

⑤ 由外部用管道引入空气冷却的电动机，应保持管道清洁畅通，连接处要严密，闸门应在正确位置上。对大型密闭式冷却的电动机，应检查其冷却水系统运行是否正常。

⑥ 按规定时间，记录电动机表计的读数，电动机启动停止的时间及原因，并记录所发现的一切异常现象。

(3) 电动机运行中的事故停机。电动机在运行中,如出现异常现象,除应加强监视、迅速查明原因外,还应报告有关人员。如发生下列情况之一,应立即切断电源或去掉负荷,紧急停机。

① 发生人身事故与运行中的电动机有关。

② 电动机所拖动的机械发生故障。

③ 电动机冒烟起火。

④ 电动机轴承温度超过允许值,不停机将造成损坏。

⑤ 电动机电流超过铭牌规定值,或在运行中电流猛增,原因不明,并无法消除。

⑥ 电动机在发热和发出异声的同时,转速急剧变化。

⑦ 电动机内部发生冲击(扫膛、窜轴)。

⑧ 传动装置失灵或损坏。

⑨ 电动机强烈振动。

⑩ 电动机的起动装置、保护装置、强迫润滑或冷却系统等附属设备发生事故,并影响电动机的正常运行。

(4) 电动机的维护。电动机的保养、维护要严格按照现场规程进行。具体的周期及要求,应根据电动机的容量大小、重要程度、使用状况及环境条件等因素确定。现就一般情况按周期分别介绍如下。

① 交接期时应进行的工作:检查电动机各部位的发热情况,电动机和轴承运转的声音,各主要连接处的情况,变阻器、控制设备等的工作情况,润滑油的油面高度。

② 每月应进行的工作:擦拭电动机外部的油污及灰尘,吹扫内部的灰尘及电测粉末等;测定电动机的运行转速和振动情况,拧紧各紧固螺钉;检查接地装置。

③ 每半年应进行的工作:清扫电动机内部和外部的灰尘、污物和电刷粉末等;检查并擦拭刷架、刷握。滑环和换向器;全面检查润滑系统,补充润滑脂成更换润滑油;检查、调整通风、冷却系统;检查、调整传动机构。

④ 每年应进行的工作:解体清扫电动机绕组、通风沟、接线板;测量绕组的绝缘电阻必要时应进行干燥;检查清洗轴承及润滑系统,测定轴承间隙,更换磨损超出规定的流动轴承,对损坏较重的滑动轴承应重新推锡;更换已损坏的转子绑缩钢丝;测量并调整电动机定、转子间的气隙,清扫变阻器、起动器与控制设备,附属设备及其他机构,更换已损坏的电阻、触头、元件,冷却油及其他已损坏的零部件;检查、修理接地装置,调整传动装置,检查、校核、测试和记录仪表;检查开关及熔断器的完好状况。

五、防触电和触电事故现场急救

(一) 防触电技术

1. 电流对人体的危害

电流通过人体时会对人体的内部组织造成破坏。电流作用于人体,症状有针刺感、压迫感、打击感、痉挛、疼痛、血压升高、昏迷、心律不齐、心室颤动等；电流通过人体内部，对人体伤害的严重程度与通过人体电流的大小、电流通过人体的持续时间、电流通过人体的途径、电流的种类以及人体的状况等多种因素有关。而且各因素之间是相互关联的，伤害严重程度主要与电流大小与通电时间长短有关。

（1）通过人体电流的大小。通过人体的电流越大，人体的生理反应越明显，感觉越强烈。按照通过人体电流的大小、人体反应状态的不同，可将电流划分为感知电流、摆脱电流和室颤电流。

① 感知电流是在一定概率下，电流通过人体时能引起任何感觉的最小电流。感知电流一般不会对人体造成伤害，但当电流增大时，引起人体的反应变大。可能导致高处作业过程中的坠落等二次事故。

② 摆脱电流是手握带电体的人能自行摆带电体的最大电流。当通过人体的电流达到摆脱电流时，虽暂时不会有生命危险，但如超过摆脱电流时间过长，则可能导致人体昏迷、窒息甚至死亡。

③ 室颤电流为较短时间内能引起心室颤动的最小电流。电流引起心室颤动而造成血液循环停止，是电击致死的主要原因。因此，通常把引起心室颤动的最小电流值作为致命电流界限。

（2）通过人体的持续时间的影响。电流从左手到双脚会引起心室颤动效应。通电时间越长，越容易引起心室颤动，造成的危害越大。这是因为：

① 随通电时间增加，能量积累增加（如电流热效应随时间加大而加大），一般认为通电时间与电流的乘积大于 50 mA·s 时就有生命危险。

② 通电时间增加，人体电阻因出汗而下降，导致人体电流进一步增加。

（3）电流途径的影响。电流通过人体的途径不同，造成的伤害也不同。电流通过心脏可引起心室颤动，导致心跳停止，使血液循环中断而致死；电流通过中枢神经或有关部位，会引起中枢神经系统强烈失调；通过头部会使人立即昏迷，而当电流过大时，则会导致死亡；电流通过脊髓，可能导致肢体瘫痪。这些伤害中，以对心脏的危害性最大，流经心脏的电流越大，伤害越严重。而一般人的心脏稍偏左，因此，电流从左手到前胸的路径是最危险的。其次是右手到前胸，次之是双手到双脚及左手到单（或双）脚、右脚或双脚等。电流从左脚到右脚可能会使人站立不稳，导致摔伤或坠落，因此这条路径也是相当危险的。

（4）不同种类电流的影响。直流电和交流电均可使人发生触电。相同条件下，直流电比交流电对人体的危害较小。在电击持续时间长于一个心搏周期时，直流电的心室颤动电流比交流电高好几倍。直流电在接通和断开瞬间，平均感知电流约为 2 mA。接近 300 mA 直流电流通过人体时在接触面的皮肤内感到疼痛，随着通过时间的延长，可引起心律失常、电流伤痕、烧伤、头晕以及有时失去知觉，但这些症状是可恢复的。如超过 300 mA 则会造成失去知觉。达到数安培时，只要几秒，则可能发生内部烧伤甚至死亡。交流电的频率不同,对人体的伤害程度也不同。实验表明,50～60 Hz 的电流危险性最大。低于 20 Hz 或高于 350 Hz 时,危险性相应减小,但高频电流比工频电流更容易引起皮肤灼伤。

(5) 个体差异的影响。不同的个体在同样条件下触电可能出现不同的后果。一般而言,女性对电流的敏感度较男性高,小孩较成人易受伤害。体质弱者比健康人易受伤害,特别是有心脏病、神经系统疾病的人更容易受到伤害,后果更严重。

2. 触电事故种类及方式

按照触电事故的构成方式,触电事故可分为电击和电伤。

(1) 电击。电击是电流对人体内部组织的伤害,是最危险的一种伤害,绝大多数(大约 85% 以上)的触电死亡事故都是由电击造成的。电击的主要特征有:伤害人体内部、在人体的外表没有显著的痕迹、致命电流较小。

按照发生电击时电气设备的状态,电击可分为直接接触电击和间接接触电击。

① 直接接触电击:是触及设备和线路正常运行时的带电体发生的电击(如误触接线端子发生的电击),也称为正常状态下的电击。

② 间接接触电击:是触及正常状态下不带电,而当设备或线路故障时意外带电的导体发生的电击,也称为故障状态下的电击。

(2) 电伤。电伤是电流的热效应、化学效应、光效应或机械效应对人体造成的伤害。电伤会在人体上留下明显伤痕,有灼伤、电烙印和皮肤金属化 3 种。

① 电弧灼伤是由弧光放电引起的。比如低压系统带负荷(特别是感性负荷)拉裸露刀开关,错误操作造成的线路短路,人体与高压带电部位距离过近而放电,都会造成强烈弧光放电。电弧灼伤也能使人致命。

② 电烙印通常是在人体与带电体紧密接触时,由电流的化学效应和机械效应而引起的伤害。

③ 皮肤金属化是由于电流熔化和蒸发的金属微粒渗入表皮所造成的伤害。

3. 触电事故发生的规律

了解触电事故发生的规律,有利增强防范意识和防止触电事故。根据对触电事故发生率的统计分析,可得出以下规律:

(1) 触电事故季节性明显。统计资料表明,事故多发于第二、三季度,且 6～9 月份较为集中。主要原因:一是天气炎热,因出汗造成人体电阻降低,危险性增大;一是多雨、潮湿,电气绝缘性能降低容易漏电,且这段时间是农忙季节,农村用电量增加,也是事故多发的原因。

(2) 低压设备触电事故多。人们接触低压设备机会较多,因人们思想麻痹、缺乏安全知识,导致低压触电事故多。但在专业电工中,高压触电事故比低压触电事故多。

(3) 携带式和移动式设备触电事故多。其主要原因是工作时人要紧握设备走动,人与设备连接紧密,危险性增大;这些设备工作场所不固定,设备和电源线都容易发生故障和损坏;单相携带式设备的保护零线与工作零线容易接错,造成触电事故。

（4）电气连接部位触电事故多。统计资料表明，很多触电事故发生在接线端子缠接接头、焊接接头、电缆头、灯座、插座、熔断器等分支线、接户线处。主要是由这些连接部位机械牢固性较差，接触电阻较大，绝缘强度较低以及可能发生化学反应的缘故。

（5）冶金、矿业、建筑、机械行业触电事故多。由于这些行业生产现场条件差，不安全因素较多，以致触电事故多。

（6）中、青年工人，非专业电工，合同工和临时工触电事故多。因为他们是主要操作者，经验不足，接触电气设备较多，又缺乏电气安全知识，有的责任心不强，以致触电事故多。

（7）农村触电事故多。部分省市统计资料表明，农村触电事故约为城市的3倍。

（8）错误操作和违章作业造成的触电事故多。其主要原因是安全教育不够、安全制度不严和安全措施不完善。

触电事故的发生，往往不是单一原因造成的。但经验表明，电工应提高安全意识，掌握安全知识，严格遵守安全操作规程，才能防止触电事故的发生。

4. 漏电装置的种类

（1）按漏电保护装置中间环节的结构特点分类。

① 电磁式漏电保护装置其中间环节为电磁元件，有电磁脱扣器和灵敏继电器两种型式。电磁式漏电保护装置因全部采用电磁元件，使得其耐过电流和过电压冲击的能力较强；由于没有电子放大环节而无需辅助电源，当主电路缺相时仍能起漏电保护作用。但其不足之处是灵敏度不高，额定漏电动作电流一般只能设计到 40～50 mA，且制造工艺复杂，价格较高。

② 电子式漏电保护装置其中间环节使用了由电子元件构成的电子电路，有的是分立元件电路，也有的是集成电路。中间环节的电子电路用来对漏电信号进行放大、处理和比较。它的主要优点是灵敏度高，其额定漏电动作电流不难设计到 6 mA；动作电流整定误差小，动作准确；容易取得动作延时，动作电流和动作时间容易调节，便于实现分级保护；利用电子器件的机动性，容易设计出多功能的保护器；对各元件的要求不高，工艺制作比较简单。但其不足之处是应用元件较多，可靠性较低；电子元件承受冲击能力较弱，抗过电流和过电压的能力较差；当主电路缺相时，电子式漏电保护装置可能失去辅助电源而丧失保护功能。

（2）按结构特征分类。

① 开关型漏电保护装置是一种将零序电流互感器、中间环节和主开关组合安装在同一机壳内的开关电器，通常称为漏电开关或漏电断路器。其特点是：当检测到触电、漏电后，保护器本身即可直接切断被保护主电路的供电电源。这种保护器有的还兼有短路保护及过载保护功能。

② 组合型漏电保护装置是一种由漏电继电器和主开关通过电气连接组合而成的漏电保护装置。当发生触电、漏电故障时，由漏电继电器进行信号检测、处理和比较，通过其脱扣器或继电器动作，发出报警信号；也可通过控制触点去操作主开关切断供电电源。漏电继电器本身不具备直接断开主电路的功能。

(3) 按安装方式分类:

① 固定位置安装、固定接线方式的漏电保护装置。

② 带有电缆的可移动使用的漏电保护装置。

(4) 按级数和线数分类:按照主开关的极数和穿过零序电流互感器的线数可将漏电保护装置分为单极二线漏电保护装置、二极漏电保护装置、二极三线漏电保护装置、三极漏电保护装置、三极四线漏电保护装置和四极漏电保护装置。其中,单极二线漏电保护装置、二极三线漏电保护装置、三极四线漏电保护装置均有一根直接穿过零序电流互感器而不能被主开关断开的中性线。

(5) 按运行方式分类:

① 不需要辅助电源的漏电保护装置。

② 需要辅助电源的漏电保护装置,此类中又分为辅助电源中断时可自动切断的漏电保护装置和辅助电源中断时不可自动切断的漏电保护装置。

(6) 按动作时间分类:按动作时间可将漏电保护装置分为快速动作型漏电保护装置、延时型漏电保护装置和反时限型漏电保护装置。

(7) 按动作灵敏度分类:按照动作灵敏度可将漏电保护装置分为高灵敏度型漏电保护装置、中灵敏度型漏电保护装置和低灵敏度型漏电保护装置。

(二) 触电事故的现场急救

1. 脱离电源

(1) 脱离电源就是要把触电者接触的那一部分带电设备的开关、刀闸或其他断路设备断开;或设法将触电者与带电设备脱离。在脱离电源过程中,救护人员既要救人,也要注意保护自己。

(2) 触电者未脱离电源前,救护人员不能直接用手触及伤员,因为有触电的危险。

(3) 如触电者处于高处,解脱电源后会自高处坠落,因此,要采取预防措施。

(4) 触电者触及低压带电设备,救护人员应设法迅速切断电源,切记要避免碰到金属物体和触电者的裸露身躯;也可戴绝缘手套或将手用干燥衣物等包起绝缘后解脱触电者;救护人员也可站在绝缘垫上或干木板上,绝缘自己进行救护。

(5) 如果电流通过触电者入地,并且触电者紧握电线,可设法用干木板塞到身下,与地隔离,也可用干木把斧子或有绝缘柄的钳子等将电线剪断。剪断电线要分相,一根一根地剪断,并尽可能站在绝缘物体或干木板上。

(6) 触电者触及高压带电设备,救护人员应迅速切断电源,或用适合该电压等级的绝缘工具(戴绝缘手套、穿绝缘靴并用绝缘体)解脱触电者。救护人员在抢救过中应注意保持自身与周围带电部分必要的安全距离。

(7) 如果触电发生在架空线杆塔上,如系低压带电线路,若可能立即切断线路电源的,应迅速切断电源;或者由救护人员迅速登杆,束好自己的安全皮带后,用带绝缘胶柄的钢丝绳、干燥的不导电物体或绝缘物体将触电者拉离电源;如系高压带电线路,又不可能迅速切断电源开关的,可采用抛挂足够截面的适当长度的金属短路线方法,使电源开关跳闸。

(8) 如果触电者触及断落在地上的带电高压导线,且尚未证实线路无电,救护人员在未做好安全措施(如穿绝缘靴或临时双脚并紧跳跃地接近触电者)前,不能接近至断线点8~10 m范围内,防止跨步电压伤人。触电者脱离带电导线后亦应迅速带至8~10 m以外后立即开始触电急救。只有在证实线路已经无电,才可在触电者离开触电导线后,立即就地进行急救。

(9) 救护触电伤员切除电源时,有时会同时使照明失电,因此应考虑事故照明、应急灯等临时照明。新的照明要符合使用场所防火、防爆的要求。但不能因此延误切除电源和进行急救。

2. 伤员脱离电源后的处理

(1) 伤员的应急处置:

① 触电伤员如神志清醒者,应使其就地躺平,严密观察,暂时不要站立或走动。

② 触电伤员如神志不清者,应就地仰面躺下,且确保气道通畅,并用5 s时间,呼叫伤员或轻拍其肩部,以判定伤员是否意识丧失。禁止摇动伤员头部呼叫伤员。

③ 需要抢救的伤员,应立即就地坚持正确抢救,并设法联系医疗部门接替救治。

(2) 呼吸、心跳情况的判定。触电伤员如意识丧失,应在10 s内,用看、听、试的方法,判定伤员呼吸心跳情况:

① 看:看伤员的胸部、腹部有无起伏动作;

② 听:用耳贴近伤员的口鼻处,听有无呼气声音;

③ 试:试测口鼻有无呼气的气流。再用两手指轻试一侧(左或右)喉结旁凹陷处颈动脉有无搏动。

若看、听、试结果既无呼吸又无颈动脉搏动,可判定呼吸心跳停止。

3. 心肺复苏法

触电伤员呼吸和心跳均停止时,应立即按心肺复苏法支持生命的3项基本措施,即通畅气道、口对口(鼻)人工呼吸、胸外按压(人工循环),正确进行就地抢救。

(1) 通畅气道:

① 触电伤员呼吸停止,重要的是始终确保气道通畅。如发现伤员口内有异物,可将其身体及头部同时侧转,迅速用一个手指或用两手指交叉从口角处插入,取出异物。操作中要注意防止将异物推到咽喉深部。

② 通畅气道可采用仰头抬颏法。用一只手放在触电者前额,另一只手的手指将其下颌骨向上抬起,两手协同将头部推向后仰,舌根随之抬起,气道即可通畅。严禁用枕头或其他物品垫在伤员头下。

(2) 口对口(鼻)人工呼吸:

① 在保持伤员气道通畅的同时,救护人员用放在伤员额上的手的手指捏住伤员鼻翼,

救护人员深吸气后,与伤员口对口紧合,在不漏气的情况下,先连续大口吹气两次,每次 1～1.5 s。如两次吹气后试测颈动脉仍无搏动,可判定心跳已经停止,要立即同时进行胸外按压。

② 除开始时大口吹气两次外,正常口对口(鼻)呼吸的吹气量不需过大,以免引起胃膨胀。吹气和放松时要注意伤员胸部应有起伏的呼吸动作。吹气时如有较大阻力,可能是头部后仰不够,应及时纠正。

③ 触电伤员如牙关紧闭,可口对鼻人工呼吸。口对鼻人工呼吸吹气时,要将伤员嘴后紧闭,防止漏气。

(3) 胸外按压:

① 正确的按压位置是保证胸外按压效果的重要前提。确定正确按压位置的步骤:右手的食指和中指沿触电伤员的右侧肋弓下缘向上,找到肋骨和胸骨接合处的中点;两手指并齐,中指放在切迹中点(剑突底部),食指平放在胸骨下部;另一只手的掌根紧挨食指上缘,置于胸骨上,即为正确按压位置。

② 正确的按压姿势:使触电伤员仰面躺在平硬的地方,救护人员立或跪在伤员一侧肩旁,救护人员的两肩位于伤员胸骨正上方,两臂伸直,肘关节固定不屈,两手掌根相叠,手指翘起;以髋关节为支点,利用上身的重力,垂直将正常成人胸骨压陷 3～5 cm(儿童和瘦弱者酌减);压至要求程度后,立即全部放松,但放松时救护人员的掌根不得离开胸壁。

按压必须有效,有效的标志是按压过程中可以触及颈动脉搏动。

③ 操作频率。胸外按压要以均匀速度进行,每分钟 80 次左右,每次按压和放松的时间相等;胸外按压与口对口(鼻)人工呼吸同时进行,其节奏为:单人抢救时,每按压 30 次后吹气 2 次(30∶2),反复进行;儿童抢救时,按压的力度要小,下压 2～3 cm 即可,反复进行。

(4) 抢救过程中的再判定:

① 按压吹气 1 min 后,应用看、听、试方法在 5～7 s 时间内完成对伤员呼吸和心跳是否恢复的再判定。

② 若判定颈动脉已有搏动但无呼吸,则暂停胸外按压,而再进行 2 次口对口人工呼吸,接着每 5 s 吹气一次。如脉搏和呼吸均未恢复,则继续坚持心肺复苏法抢救。

③ 在抢救过程中,要每隔数分钟再判定一次,每次判定时间均不得超过 5～7 s。在医务人员未接替抢救前,现场抢救人员不得放弃现场抢救。

4. 抢救过程中及好转后伤员的移动

(1) 心肺复苏应在现场就地坚持进行,如确有需要移动的,抢救中断时间不应超过 30 s。躺在担架上并在其背部垫以平硬的物体。

(2) 移动伤员或将伤员送医院时,除应使伤员平躺在担架上并在其背部垫以平硬阔木板外,移动或送医院过程中应继续抢救,心跳呼吸停止者要继续心肺复苏法抢救,在医务人员未接替救治前不能中止。

(3) 应创造条件,用塑料袋装入砸碎冰屑做成帽状包绕在伤员头部,露出眼睛,使脑部温度降低,争取心肺脑完全复苏。

(4) 如伤员的心跳和呼吸经抢救后均已恢复,可暂停心肺复苏法操作。但心跳呼吸恢复的早期有可能再次骤停,应严密监护,不能马虎,要随时准备再次抢救。

(5) 初期恢复后,神志不清或精神恍惚、躁动,应设法使伤员安静。

5. 杆上或高处触电急救

(1) 发现杆上或高处有人触电,应争取时间及早在杆上或高处开始进行抢救。救护人员登高时应随身携带必要的工具和绝缘工具以及牢固的绳索等,并紧急呼救。

(2) 救护人员应在确认触电者已与电源隔离,且救护人员本身所涉环境安全距离内无危险电源时,方能接触伤员进行抢救,并应注意防止发生高空坠落的可能性。

(3) 高处抢救。

① 触电伤员脱离电源后,应将伤员扶卧在自己的安全带上(或在适当地方躺平),并注意保持伤员气道通畅。

② 救护人员迅速按相关规定判定反应、呼吸和循环情况。

③ 如伤员呼吸停止,立即口对口(鼻)吹气 2 次,再测试颈动脉,如有搏动,则每 5 s 继续吹气一次;如颈动脉无搏动,可用空心拳头叩击心前区 2 次,促使心脏复跳。

④ 高处发生触电,为使抢救更为有效,应及早设法将伤员送至地面。在完成上述措施后,应立即用绳索迅速将伤员送至地面,或采取可能的迅速有效措施送至平台上。

⑤ 在将伤员由高处送至地面前,应再口对口(鼻)吹气 4 次。

⑥ 触电伤员送至地面后,应立即继续按心肺复苏法坚持抢救。现场触电抢救,对采用肾上腺素等药物应持慎重态度。如没有必要的诊断设备条件和足够的把握,不得乱用。在医院内抢救触电者时,由医务人员经医疗仪器设备诊断,根据诊断结果决定是否采用。

复习思考题

1. 低压设备的安全操作有哪些要求?
2. 漏电装置的分类有哪些?

项目三　电工作业典型事故案例

一、安全管理落实不到位引起的触电死亡事故

(一) 事故概况

某年7月26日解某任柳某为班长，负责302、303、304、403四个罐的防腐保温工程的质量和安全，302号罐施工人员有刘某、张某、孙某社、孙某军、孙某友、修某、王某七人。

7月27日上午在工地会议室十建公司对302号罐施工人员进行培训，下午4点左右孙某友、刘某等6人到302罐熟悉作业环境，刘某自行通过302号罐外部配电箱将电源线接到罐内配电盘上，将从隔壁借来的两个打磨机（打磨机没有插头）的两股线接到罐内配电盘上进行测试，当时机器正常通电。

7月28日上午6点30分左右班长柳某通知工人刘某、张某、孙某社、孙某友、孙某军、修某、王某七人到302号罐进行罐内防腐除锈工作，班长柳某安排工人检查各自机器，安排刘某检查工人施工质量情况及其他管理工作，王某去办理302号罐作业票。

上午7点左右，孙某友和孙某军两人在罐口南侧，修某和王某两人在孙某友左侧10多米处，张某和孙某社在罐口北侧做准备工作，刘某将3个插座的电源线接到罐内配电盘上为以上三组工人的磨光机供电。

7点30分左右，孙某友刚开始使用打磨机就断电了，然后，刘某便开始检查线路查找原因。7点50分左右，孙某社听到南侧刘某说，找到原因了，插座接触不好。刘某在未佩戴绝缘手套的情况下手持长约20 cm的螺丝刀开始维修插座。刘某的螺丝刀刚接触到插座，就叫了一声，头朝西，脚朝东躺在地上不动了，孙某友赶紧去拉闸断电，孙某社上前晃动刘某，拨打了120。柳某在办理作业票的途中接到孙某友电话说302罐内出事了，随即柳某赶往现场并电话通知了项目负责人蔚某。蔚某和安全员牛某到达事故现场后，指挥进行急救，8点30分左右120赶到现场，现场工人用担架将刘某抬出，经医生抢救无效死亡。

此次事故造成1人死亡，直接经济损失约150万元，主要用于事故赔偿及善后处理。

(二) 事故原因分析

（1）刘某违反《用电安全导则》(GB/T 13869)中的相关规定，在维修电源插座时未对配电盘内电源开关断开，在未断开电源开关情况下也未采取其他安全措施。刘某违章作业是事故发生直接原因。

(2) 刘某违反《施工现场临时用电安全技术规范》(JGJ 16)的规定,由302号罐外配电箱向罐内配电盘连接线路时,未采取接零保护措施,导致用电设备漏电时没有接零安全保护措施,是事故发生的另一直接原因。

(3) 违反《某原油储备基地项目原油罐组安装HSE管理方案》受限作业管理的规定,在未取得302号罐受限空间作业票的情况下,项目负责人蔚某擅自安排作业。

(4) 违反《罐内防腐安全技术交底》安全要求的规定,在进行罐内作业时,作业现场无现场监护人,未对现场安全措施落实情况进行检查。

(5) 安全生产隐患排查不细致、不认真,对刘某的违章行为未及时发现并制止。

(6) 未对从业人员进行班组安全生产教育和培训。

(三) 事故防范措施和整改建议

(1) 吸取此次事故教训,落实安全生产主体责任,认真落实安全生产责任制和安全生产规章制度;对从业人员进行安全生产教育和培训,保证从业人员具备必要的安全生产知识,熟悉有关的安全生产规章制度和安全操作规程。未经安全生产教育和培训合格的从业人员,不得上岗作业。

(2) 加强分包单位的监督管理,重点加强作业现场的安全生产监督检查,严格排查无作业票擅自施工的违规行为,监管分包单位的安全管理落实情况、人员在岗情况,及时消除安全隐患。

(3) 要规范施工现场管理,加强现场隐患排查力度,及时发现并消除安全隐患,对工程施工审批流程严格把控、规范作业流程,严禁杜绝类似未审批作业票擅自开工的情况,严格审查劳务单位及人员的资质、资格证书加强现场监管,规范用工管理坚决制止私招乱雇现象,所有新员工入厂前必须进行严格的三级安全教育,针对薄弱环节和存在问题,完善各项规章制度和安全生产责任制。

二、安全隐患未排除引发的触电死亡事故

(一) 事故概况

某年5月25日19时30分许,某老年公寓不能自理区女护工赵某、龚某在起火建筑西门口外聊天,突然听到西北角屋内传出异常声响,两人迅速进屋,发现建筑内西墙处的立式空调以上墙面及顶棚区域已经着火燃烧。赵某立即大声呼喊救火并进入房间拉起西墙侧轮椅上的两位老人往室外跑,再次返回救人时,火势已大,自己被烧伤,龚某向外呼喊求助。由于大火燃烧迅猛,并产生大量有毒有害烟雾,老人不能自主行动,无法快速自救,导致重大人员伤亡,不能自理区全部烧毁。

不能自理区男护工石某、常某、马某、消防主管孔某和半自理区女护工石某等听到呼喊

求救后,先后到场施救,从起火建筑内救出 13 名老人,范某组织其他区域人员疏散。在此期间,范某、孔某发现起火后先后拨打 119 电话报警。

19 时 34 分 04 秒,县消防大队接到报警后,迅速调集大队 5 辆消防车、20 名官兵赶赴现场;19 时 45 分消防车到达现场,起火建筑已处于猛烈燃烧状态,并发生部分坍塌。消防大队指挥员及时通知辖区两个企业专职消防队 2 辆水罐消防车、14 名队员到达火灾现场协助救援。现场成立 4 个灭火组压制火势、控制蔓延、掩护救人,2 个搜救组搜救被困人员。20 时 10 分现场火势得到控制,同时,指挥员向市消防支队指挥中心报告火灾情况。20 时 20 分明火被扑灭。截至 5 月 26 日 6 时 10 分,指挥部先后组织 7 次对现场细致搜救,在确认搜救到人数与有关部门提供现场被困人数相吻合的情况下,结束现场救援。

(二)事故原因分析

老年公寓不能自理区西北角房间西墙及其对应吊顶内,给电视机供电的电器线路接触不良发热,高温引燃周围的电线绝缘层、聚苯乙烯泡沫、吊顶木龙骨等易燃可燃材料,造成火灾。

造成火势迅速蔓延和重大人员伤亡的主要原因是建筑物大量使用聚苯乙烯夹芯钢板(聚苯乙烯夹芯材料燃烧的滴落物具有引燃性),且吊顶空间整体贯通,加剧火势迅速蔓延并猛烈燃烧,导致整体建筑短时间内垮塌损毁;不能自理区老人无自主活动能力,无法及时自救造成重大人员伤亡。

(1)老年公寓建设运营、管理不规范,安全隐患长期存在以下问题。

① 违规建设、运营。老年公寓发生火灾建筑没有经过规划、立项、设计、审批、验收,使用无资质施工队;违规使用聚苯乙烯夹芯彩钢板、不合格电器电线;不符合《老年人照料设施建筑设计标准》(JGJ150)中的相关规定。

② 日常管理不规范,消防安全防范意识淡薄。老年公寓日常管理不规范,没有建立相应的消防安全组织和消防制度,没有制定消防应急预案,没有组织员工进行应急演练和消防安全培训教育;员工对消防法律法规不熟悉、不掌握,消防安全知识匮乏。

(2)地方民政部门违规审批许可,行业监管不到位。

① 县民政局日常监管不到位,违规审批许可。一是日常安全监管不到位。县民政局每半年对老年公寓检查一次,从未发现其使用违规彩钢板扩建经营、安全组织管理缺失等问题。二是违规审批许可。2010 年 11 月,县民政局在老年公寓未提供建设、消防、卫生防疫等部门的验收报告和审查意见书原件的情况下,不严格履行审批程序,违规通过了老年公寓审查,并将该审查材料报送市民政局。2013 年 12 月,县民政局未按照相关审批程序和安全排查规定,违规给老年公寓换发了许可证。

② 市民政局违规批准老年公寓设置,贯彻落实法规政策不到位。一是违规批准老年公寓设置。2010 年 12 月,未按照审批程序审查老年公寓证照原件,违规向其颁发批准证书。二是安全监管工作指导督促不到位。2013 年以来,组织开展的多次社会福利机构及养老机构安全检查中,重部署通知、轻检查落实,指导督促不到位,没有发现老年公寓存在的安全

隐患并督促其整改。

③ 省民政厅督促落实法规政策不到位，指导下级安全管理工作不到位。省民政厅对市、县民政部门长期存在的贯彻落实法规政策不到位，违规批准老年公寓设置等问题疏于监管。

(3) 地方公安消防部门落实消防法规政策不到位，消防监管不力。

① 县公安局派出所落实消防法规政策不到位，消防日常监管不力。没有认真贯彻执行消防安全重点单位界定标准要求，未准确上报老年公寓相关信息，导致县公安消防大队将应定为二级消防安全重点单位管理的老年公寓错定为三级管理。没有认真执行消防日常监管职责，没有扎实开展针对养老院的消防安全专项整治活动，未能及时发现和纠正老年公寓违规彩钢板建筑物的消防安全隐患。

② 县公安消防大队执行消防法规政策不严格，日常监管有漏洞。一是未严格执行相关标准，错将二级消防安全重点管理单位老年公寓列为三级管理；对县公安局派出所日常消防监督检查、培训指导不到位。二是对老年公寓消防监督检查缺失。自老年公寓注册以来，县公安消防大队从未对其进行过检查，对老年公寓的有关信息掌握不准，底数不清。三是消防安全专项治理行动不扎实，没有及时排查出老年公寓存在的重大消防安全隐患。

③ 县公安局对县公安消防大队和派出所消防安全工作指导督促不到位。一是对辖区内针对养老院开展的消防安全专项治理工作督导不力，流于形式。二是对县公安消防大队错误划定老年公寓的消防安全重点单位等级未能及时发现。三是对派出所消防安全监管工作疏于指导督促。

④ 市公安消防支队指导下级开展工作，督促工作落实不到位。一是未能及时发现并予以纠正县公安消防大队对老年公寓监管缺失以及错误划定老年公寓的消防安全重点单位等级的问题。二是消防监管工作重部署、轻落实。市消防安全重点单位界定工作，虽下发了相关标准，但对如何申报、怎样界定消防安全重点单位等级，以及消防安全重点单位界定登记工作，没有明确市公安消防支队与派出所、县公安消防大队之间如何无缝对接等要求。近年来多次开展的养老院消防安全专项整治活动目标不具体、检查不彻底。

⑤ 市公安局开展消防安全专项行动不力，指导检查消防工作不实。一是对县公安局开展的针对养老院火灾隐患排查治理工作，指导督促不得力。二是对消防安全重点单位界定工作指导不力。三是对县公安局及其消防大队开展的消防安全监管工作疏于监督检查。

⑥ 省公安消防总队对下级落实有关消防安全法律法规督促落实不到位，对市公安消防支队的消防监管工作指导不力，落实公安部《关于进一步加强彩钢板建筑消防安全监督管理的通知》、"九九"消防平安行动、重大火灾隐患专项整治、清剿火患战役等消防专项检查工作督促落实不到位。

(4) 地方国土、规划、建设部门执法监督工作不力，履行职责不到位。

① 县国土资源局监督执法不彻底。2013年，国土资源所巡查发现此老年公寓未经批准违法占用耕地1 066平方米用于建设彩钢板房，除行政处罚10 660元的决定得到落实执

行外,没有依法采取有效措施继续对非法占地行为予以纠正,导致非法占地建筑最终建成投入使用。县国土资源局对该所执法监督不到位的问题失察。

② 县城乡规划局落实法规政策不实,督促指导执法监察大队工作不到位,起火建筑自2013年开工建设至事故发生,县城乡规划局执法监察大队未检查并发现其违法建设行为,县城乡规划局作为执法监察大队的管理部门,对其日常巡查不力、监督不到位的问题未能及时发现和整改,导致规划区内该违法建筑长期存在。

③ 县住房和城乡建设局执法检查不到位。起火建筑于2013年建设期间,城建监察大队从未发现其违法建设行为,查处违法建设工作有漏洞,检查不到位。县住房和城乡建设局作为城建监察大队的管理部门,未能及时发现和整改下属单位工作不力的问题。

(5) 地方政府安全生产属地责任落实不到位。

① 县街道办事处贯彻落实国家有关法规政策不到位,属地监管不力。对该老年公寓的属地监管职责推诿扯皮、失控漏管,没有履行属地监管职责。街道办事处民政所贯彻落实国家有关法律法规不到位,未落实县民政部门对养老机构认真开展安全检查的工作要求。

② 县委、县政府贯彻落实国家民政、公安消防等法规政策不到位,履行安全生产属地监管职责不到位,对养老机构等安全监管工作不重视,未能有效督促指导民政、公安、消防、国土、规划、住建等部门严格履行有关职责;对相关部门执法监督检查不到位,违规行政审批等情况未能及时检查发现并予以纠正,消防安全专项治理工作不深入彻底,对该老年公寓长期存在的事故隐患和安全管理混乱未及时发现并督促整改等问题失察。

③ 市政府督促指导下级政府和有关部门贯彻落实国家及河南省民政、公安消防等法规政策不到位,督促指导安全工作不力。在落实国家和省民政、公安消防专项检查、工作部署方面不扎实,督促检查不到位,对监管部门专项检查流于形式的问题失察。对养老机构等安全监督管理工作不重视。

(三) 事故防范措施和整改建议

(1) 落实企业主体责任和政府部门安全监管责任,深刻吸取事故教训,牢固树立安全发展理念,始终坚守"发展决不能以牺牲人的生命为代价"这条红线,建立健全"党政同责、一岗双责、齐抓共管"的安全生产责任体系,落实属地监管,实现责任体系"五级五覆盖"。

规范行业管理部门的安全监管职责,特别是涉及多个部门监管的行业领域,按照"管行业必须管安全"的要求,明确、细化安全监管职责分工,消除责任死角和盲区。

要督促企业落实安全生产主体责任,做到安全责任到位、安全投入到位、安全培训到位、安全管理到位、应急救援到位。

(2) 加强养老机构安全管理。各级民政部门要落实《老年人权益保障法》等法律法规要求,指导养老机构建立健全安全、消防等规章制度,做好老年人安全保障工作。要按照实施许可权限,建立养老机构评估制度,加强对养老机构的监督检查,及时纠正养老机构管理中的违法违规行为。民政部门支配的福彩公益金补助民政服务机构建设项目,要优先支持安全设施建设。养老机构因变更或终止等原因暂停、终止服务的,民政部门应当督促养老机构制定实施老年人安置方案,并及时为其妥善安置老年人提供帮助。

(3) 加大对民办养老机构的政策扶持。相关部门要针对社会养老需求及现状,加强对民办养老服务业发展状况的调查研究,完善养老机构管理法规,保障养老机构健康发展、安全发展。针对制约民办养老机构发展的用地难、融资难、税费减免难、用工难、医养结合难及安全管理薄弱等突出问题,要认真研究,制定切实可行的政策制度,规范民办养老机构安全管理标准化建设,提升安全管理水平。加强养老机构设立许可办法和管理办法等法规的宣传培训,督促指导民办等各类养老机构依法依规建设、管理。

(4) 加强消防安全日常监督检查。各级公安消防部门要依法履行对消防重点单位日常监督检查职责,切实加强日常监督检查工作,尤其对幼儿园、学校、养老院等人员密集场所的消防安全隐患排查,要严格做到全覆盖、零容忍。严肃查处消防设计审核、消防验收和消防安全检查不合格的单位,提请政府坚决拆除违规易燃建筑,推动消防安全主体责任严格落实。

县级公安机关要加强对消防大队和公安派出所的组织领导和统筹协调,确保消防安全工作无缝衔接。加强对派出所等一线民警消防法规和业务知识的培训,切实提高发现隐患、消除隐患的能力和水平。

(5) 严格养老机构等人员密集场所的消防安全整治。各地区要定期组织开展对养老机构等人员密集场所的安全隐患排查,对违规使用聚苯乙烯、聚氨酯等保温隔热材料,建筑达不到耐火等级要求的,要严格按照《建筑设计防火规范》(GB 50016)、《老年人照料设施建筑设计标准》(JGJ 450)等国家标准,限期整改,确保建筑符合防火安全规定;对防火、用电等管理制度不健全、不符合规范的,无应急预案、应急演练不落实的,许可审批手续不全的,要坚决予以整改。各类养老机构等人员密集场所要强化法律意识,制定突发事件应急预案,切实落实安全管理主体责任。

(6) 进一步加大对违法违规经营和失职渎职行为的查处力度。各地区要认真贯彻落实《国务院办公厅关于加强安全生产监管执法的通知》(国办发〔2015〕20 号)的相关要求,建立安全生产监管执法机构与公安机关和检察机关安全生产案情通报机制,建立事故整改措施落实情况评估制度,认真组织评估工作,依法从严查处违法违规经营和失职渎职行为,落实"事故原因未查清不放过,事故责任人未受到处理不放过,事故责任人和相关人员没有受到教育不放过,未采取防范措施不放过",切实吸取事故教训,筑牢安全防线。

三、无证上岗导致触电死亡

(一) 事故概况

某年 8 月 26 日,某科技有限公司与某广告有限公司双方签订了《安装门头字确认单》。

9月10日,某广告有限公司工人来到某小区一网点二楼南面房间开始安装制作好的门头字,当天安装完毕。9月11日上午9时许,安装人员张某华和张某国开始安装门头字LED灯变压器。张某国插上电钻电源,爬上南面窗户,站在窗台上,接过张某华递给的电钻,把电钻放在窗外的门头铁架子上;然后,又依次接过张某华递给的LED灯变压器和钳子。工具准备完毕后,张某国登上架子开始作业,在攀爬过程中,张某国右手不慎触到红色带电电线裸露部分,同时左手碰门头铁架子,形成了回路造成触电。张某国触电后"嗷"的一声,两只手向上举,身体向窗户内慢慢蹲了下来。张某华发现后,立即扶着张某国的腰部和腋窝将他接住,并立即呼喊周边人员一起将张某国抬了下来,平放在室内地面上。

事故发生后,现场人员立即打了120电话,120工作人员指导现场人员给张某国做胸部按压进行初期施救。大约10分钟后120赶到,将张某国送到医院进行抢救,后经抢救无效死亡。某广告有限公司曹某当天下午拨打110报警,区安监局9月12日接到区应急办通知,立即赶到事故现场进行调查,并按照规定及时上报了事故。

区政府分管领导、街道办事处的相关领导和工作人员在接到报告后相继赶往事故现场开展工作。派出所将某广告有限公司法人代表武某进行了控制。

本次事故造成1人死亡,直接经济损失约50万元人民币。

(二)事故原因分析

(1)张某国在未取得电工特种作业操作证的情况下,违章从事LED灯的变压器安装;使用电钻时未按规定穿戴好相应的劳动防护用品。同时,在未检查红色电线是否带电和线头是否存在裂缝的情况下,违章徒手接触电线,是导致此起事故发生的直接原因。

(2)安全生产主体责任落实不到位,未按照规定对从业人员进行安全生产教育培训和考核,安排工人上岗作业,致使从业人员安全意识淡薄,违章作业;现场安全管理缺失,未及时制止和纠正现场作业人员违章作业行为,是导致此起事故发生的间接原因。

(3)法人代表武某安全生产职责履行不到位,违章指挥张某国无证从事电工作业,是导致此起事故发生的间接原因。

综合以上分析,根据国家安全生产相关法律法规规定,认定该事故是一起因从业人员无证上岗、违反施工现场临时用电安全技术规范,生产经营单位主体责任落实不到位造成的一般生产安全责任事故。

(三)事故防范和整改措施

为吸取事故教训,切实做好安全生产工作,有效防范生产安全事故的发生,针对本起事故反映出的问题,提出以下事故防范和整改措施:

(1)深刻反思和吸取事故教训,严格履行安全生产主体责任,加大现场安全管理和隐患排查力度,杜绝违章作业。

(2)严格落实"四不敢过"的要求,要以本起事故作为案例,加强从业人员安全教育培训,增强安全教育培训的针对性和实效性,提高从业人员安全意识,及时消除生产安全事故隐患。

(3)要严格落实安全生产职责,认真查找公司在安全生产责任制、规章制度、督查落实、现场管理等方面存在的问题,举一反三,确保不再发生类似生产安全事故。

四、带电作业引发的触电死亡事故

(一)事故概况

某设备厂10 kV工贸Ⅱ线(此线路为嘉永和设备厂与达易电气合同所指10 kV线路改造工程中的一部分)按计划由某电气公司进行线路改造。该工程是同杆塔架设双回线路,共6根导线。9月5日,电气公司进行了工程施工,当日已完成5根导线的施工任务,最后一根导线敷设因已到当天的送电时间而未完成,但在线路上施放了绝缘导引绳,为以后的施工打好了基础。当日工作结束,由于第二天逢中秋节,电气公司放假3天(9月6~8日),施工工作中断,双方商定节后9月10日再继续施工,放最后一根导线并采用带电作业的方式进行接火。

9月9日16时许,电气公司施工负责人张某某到设备厂项目负责人张某琦办公室,协商第二天(9月10日)施工有关事宜。设备厂项目负责人张某琦特别口头交代两项内容:第一是施工时间定于9月10日上午9时,施工时进行带电作业接火;第二是线路带电施工过程中,禁止人员参加杆塔作业,杆塔上工作由设备厂带电作业人员进行。

9月10日早上6时,电气公司施工负责人张某某带领施工人员8人到达10 kV工贸Ⅱ号线路架设施工现场,安排当天工作,随后开始进行线路架设施工。施工至7时2分左右,按照当天工作安排,由张某某和张某祥两人负责线路北侧线杆的接线作业,随后张某某(无安监部门颁发的登高和电工特种作业资格证书)和张某祥(无安监部门颁发的登高和电工特种作业资格证书、无电监会颁发的进网电工证;有中国电力企业联合会颁发的职业资格证书,职业及等级为农同配电营业工三级/高级技能,发证日期为2012年2月29日)来到北侧线杆下约定在张某某巡视线路回来后,等待电力部门的带电作业车到达后一同进行登杆架线作业。随后,张某某离开北侧线杆向南侧运视线路,沿线路向南走出30米左右时便听到身后传来"啪啪"的打火声,回头发现有人挂在线杆上。张某某迅速到达线杆底发现正是施工人员张某祥。电气施工负责人张某某立即打电话给设备厂项目负责人张某琦说:"有人触电,赶快停电,快到现场来!"张某某同时拨打120电话。张某琦一边赶往当事地点,一边打电话联系供电公司调控中心,对出事地点线路进行停电。8时26分,供电公司调控中心通知线路已停电。

接到事故报警后,市政府领导、市公安局、市安全监管局、市应急办和水集街道办事处及有关部门的负责同志立即赶赴现场组织事故救援。市消防大队、120救护中心迅速调集人员和车辆赶赴现场进行抢险救援。设备厂带电作业人员在做好现场安全措施后，市消防大队消防员乘高空作业车将触电人员解救下来，经现场的 120 随车医生诊断确认张某祥已经死亡。市政府组织有关部门召开会议，成立了事故调查组。就事故调查、善后处理等工作进行了安排部署。

本次一般触电伤害事故造成张某祥 1 人死亡，直接经济损失 100 余万元。

（二）事故原因分析

（1）根据电气公司与设备厂签订的承包合同及操作规程规定，张某祥作为电气公司施工人员，虽具备农网配电营业工三级/高级技能资格，但不具备安监部门特种作业操作资格（登高证、电工证），也不具备电监会颁发的进网电工证，在没有带电作业防护措施的情况下，违反《带电作业操作规程》规定，未等设备厂带电作业人员到来进行杆上带电作业，擅自攀登带电线路塔杆作业，触及了 10 kV 线路电击而死，是导致事故发生的直接原因。

（2）通过询问现场工作人员，并对现场进行勘查，结合张某祥受伤部位综合分析后认为，某电气公司安排没有特种作业操作证（登高作业证、电工作业证）的人员张某祥进行线路施工作业，是导致事故发生的主要原因。

（3）电气安全生产管理制度不健全，安全管理人员未按规定参加安全培训，施工具体过程中的安全技术交底、安全注意事项及现场安全措施等均采取口头约定方式进行，现场管理混乱，安全监管不力，造成作业班成员张某祥失去安全监护，是导致事故发生的另一主要原因。

（4）设备厂安全管理制度不健全，安全教育培训不落实，未制定事故应急预案并进行应急演练，是导致事故发生的重要原因。

（5）设备厂将电力工程施工项目承包给不具备安全生产条件的电气公司，是造成事故发生的另一重要原因。

（6）设备厂作为市供电公司的下属集体企业，市供电公司对设备厂所存在的安全问题失察，在工程发包过程中安全监管不力，是造成事故发生的原因之一。

（三）事故的防范和整改措施

（1）按照生产安全事故的"四不放过"原则，以本次事故为教训，按规定配备安全管理人员，深入开展主要负责人、安全管理人员及全体从业人员的安全生产培训教育，进一步完善安全生产管理规章制度，强化员工遵章守法的安全意识，对公司雇佣的从业人员进行严格的资格审查。公司应严格管理现场人员，带班负责人应当掌握现场安全生产情况，及时发现和处置事故隐患。同时对公司全面进行安全生产大检查，消除各类事故隐患，堵塞各种安全漏洞，确保安全生产。

（2）认真吸取事故教训，举一反三，进一步完善和规范安全责任制及安全管理制度并严格落实，特别在涉及工程发包过程中严格按规定审查承包方工作人员的安全资质，并协调、管理好承包方施工现场的安全生产工作,按规定配备安全管理人员;深入开展主要负责人、安全管理人员及全体从业人员的安全生产培训教育,强化安全监管手段和措施,规范特种作业人员的安全生产行为。

(3) 安全生产监管部门要认真吸取事故教训,认真履行对下属企业的安全监管职责,特别是强化工程发包过程中的安全监管,进一步加强监管手段和措施,及时发现和处置事故隐患,堵塞安全漏洞,确保安全生产。

(4) 公司主要负责人、安全生产管理人员和其他管理人员应当接受安全生产培训,具备与所从事的生产经营活动相适应的安全生产知识和管理能力。同时按照规定加大对员工的教育培训力度,使员工熟悉有关安全生产规章制度和安全操作规程,具备必要的安全生产知识,掌握本岗位的安全操作技能,增强预防事故和应急处理的能力。

(5) 主要负责人、安全生产管理人员和其他管理人员应当接受安全生产培训,进一步提高与所从事的生产经营活动相适应的安全生产知识和管理能力,制定并完善公司相关安全管理制度,增强预防事故和应急处理的能力。

(6) 街道办事处要进一步明确属地监管职责,依照安全生产的相关法律、法规、规章和有关规定,实施安全监督管理,全面落实安全责任,及时督促企业排查事故隐患做好整改,全面加强对生产经营单位落实安全生产主体责任情况的监督检查,防止生产安全事故的发生。

五、设备安全设施不完善引起的触电事故

(一) 事故概况

某年 7 月 12 日晚,某公司厂长杨某安排裁剪班组长张某超,带领陈某、王某、张某宇在 1 号楼 3 层的裁剪车间加班。19 时许,张某超安排陈某和王某两个人去 1 号楼 4 层仓库取布料。两人从仓库东南角的门口进入后,由于夜间视线不清,陈某沿仓库东南横向墙壁、西南纵向墙壁的走廊至西北方向墙壁处,把配电箱的开关打开后合上印花设备上的闸刀,打开了照明灯。随后,王某财、陈某在仓库东南角门口附近的第二条纵向走廊的近端找寻所需布料,在此过程中,陈某左胳膊搭在放置印花产品的铁丝上喊了一句"救我"。距离陈某 2 米左右的王某财发现后,用左胳膊把陈某撞下来,陈某跌倒在布料上后滚落至地面,王某财也随即倒在布料堆上。王某财起身后把陈某放平开始做心肺复苏,同时拨打了 120 急救电话,此时陈某还有呼吸,按照 120 急救人员的电话指导,王某财对陈某进行了急救。在急救的同时,喊人过来帮忙。大约过了 10 多分钟,张某宇跑过来把电闸拉了下来,随后急救车赶到,陈某经医生抢救无效死亡。

事故发生后,某公司主要负责人杨某于 7 月 13 日凌晨 1 点 30 分左右向公司副经理张某进行了汇报,张某于凌晨 3 点左右将情况报给公司主要负责人王某瑗。王某瑗于 7 月

13 日将情况汇报至市企业托管中心。区安监局、市公安局市北分局、街道办事处接到事故信息并赶赴现场进行调查处理。随后,市企业托管中心相关领导接到事故报告后,也赶到了事故现场。

该起事故造成 1 人死亡,直接经济损失 140 万元(主要用于死亡赔偿)。

(二)事故原因分析

(1)仓库内照明电线、灯具年久失修,裸露在外的灯具内部电线与离地约 1.7 m 米纵横交叉、水平搭设的铁丝交接,形成了带电铁丝网。陈某在搬运布料时左臂接触带电铁丝网,是造成事故发生的直接原因。

(2)用电安全管理缺失,事故隐患排查治理工作不力;单位主要负责人履行安全生产职责不力,对从业人员安全教育培训不到位。

① 在用电安全管理方面存在缺失,电器线路不符合《低压配电设计规范》(GB 50054)的要求。

② 事故隐患排查治理工作不力。未采取有效措施对用电线路安全进行排查,致使线路敷设违反《低压配电设计规范》(GB 50054)相关规定,事故隐患长期存在。在仓库使用过程中,未采取有效措施发现并整改其存在的事故隐患。在某公司对其检查并提出整改要求后,也未进行隐患整改。

③ 安全教育培训不到位。未对陈某进行安全生产教育培训,导致其安全知识匮乏,安全意识淡薄。

④ 主要负责人杨某履行安全生产职责不力。未履行法定安全生产职责,未督促、检查本单位安全生产工作,未认真组织开展隐患排查工作,导致用电安全事故隐患长期存在,导致事故发生。

(3)安全监管不到位。房屋管理单位对 4 楼仓库用电线路提出了整改要求,但未及时督促将存在的安全隐患整改完毕,造成隐患长期存在,安全监管缺失。

(三)事故防范措施和整改建议

为防范此类事故再次发生,建议事故有关单位吸取事故教训。牢固树立安全发展理念,坚持"安全第一、预防为主,综合治理"的方针,在今后的生产经营活动中,必须严格遵守《安全生产法》等法律法规和规章的规定,落实安全生产主体责任,认真做好各项安全生产工作。提出以下整改措施:

(1)各有关单位必须认真吸取事故教训,加强安全管理,全面履行安全生产主体责任,加大生产安全事故隐患排查治理工作,及时发现并消除事故隐患,要举一反三,严格落实安全生产法律、法规和标准规范,杜绝事故的再次发生。

(2)加强租赁房屋的安全监管工作,尤其是用电安全方面,杜绝违规接电等违法行为。对于存在安全隐患的单位,提出整改要求,监督其整改到位;对于拒不整改或整改不到位的单位,停止租赁单位的生产经营行为,坚决不予承租。

(3) 加强单位安全管理工作,加大隐患排查力度,对于排查出的隐患,要制定整改方案,落实整改资金,确保事故隐患彻底消除。同时,要加强对从业人员的安全生产教育和培训,保证从业人员具备必要的安全生产知识。

六、用电设备缺陷导致触电死亡事故

(一) 事故概况

某年7月26日13时左右,北京某水泥制品厂在进行切割水泥板作业时发生一起触电事故,造成1人死亡,直接经济损失70余万元。

7月26日13时左右,北京某水泥制品厂切板工陈某,在隔墙板车间从北向南推切割机切割水泥板时,因缠绕在切割锯推手上的电源线绝缘层破损,导致其触电。13时30分左右,北京某水泥制品厂运料工秦某(死者妻子)从宿舍出去找陈某,到隔墙板车间看到陈某的头靠在切割机上,头朝南,手握拳,身子趴在地上,便将陈某抱起平放在地上。随后,陈某某和余某赶到现场,秦某、陈某某和余某3人将陈某抬出车间,平放在地上,秦某拨打了120急救电话。13时40分左右,厂长季某赶到现场。14时左右,120急救车到达现场,急救人员诊断陈某已死亡。随后,季某拨打了110报警电话。

(二) 事故原因分析

(1) 直接原因:切割机电源线绝缘层破损漏电,电源线缠绕在切割机的铁质推手上,漏电部位与切割机可导电部位搭接,致使切割机整体带电,是导致此起事故发生的直接原因。

(2) 间接原因。

① 安全防护装置不符合安全要求,切割机未进行保护接零或接地,切割机电源线为四芯橡胶绝缘软线,切割机只接了三根电源线,未进行保护接零或接地。漏电断路器跳闸时间延缓,漏电断路器无防雨措施,没有经过有资质的电工做电气维护。

② 安全管理不到位,切割机操作人员未佩戴劳动防护用品。陈某在操作切割机进行切板作业时未戴绝缘手套、穿绝缘鞋;该水泥制品厂未制定切割机操作岗位安全操作规程,对切板作业是否需要穿戴劳动防护用品和安全注意事项等未作具体规定;对作业人员的安全培训教育不到位,安全教育培训不够深入,未针对作业岗位的具体情况进行有针对性的安全交底;未监督、教育从业人员按照使用规则佩戴、使用劳动防护用品。

(三) 事故防范措施和对策建议

(1) 生产经营单位应当向作业人员提供安全防护用具和安全防护服装,并书面告知危险岗位的操作规程和违章操作的危害。

(2) 生产经营单位的安全生产管理人员应当根据本单位的生产经营特点,对安全生产状况进行经常性检查;对检查中发现的安全问题,应当立即处理,不能处理的,应当及时报告本单位有关负责人。生产经营单位的主要负责人应督促、检查本单位的安全生产工作,及时消除生产安全事故隐患。

(3) 作业人员应遵守安全操作规程,加强电动设备性能的检查,做到使用前、使用中、使用后的检查,确保设备完好。

七、电工操作安全规程

(一) 电工安全操作基本要求

(1) 电工在进行安装和维修电气设备时,应严格遵守各项安全操作规程,如电气设备维修安全操作规程、手提移动电动工具安全操作规程,等等。

(2) 做好操作前的准备工作,如检查工具的绝缘情况,并穿戴好劳动防护用品(如绝缘鞋、绝缘手套)等。

(3) 严格禁止带电操作,应遵守停电操作的规定,操作前要断开电源,然后检查电器、线路是否已停电,未经检查的都应视为有电。

(4) 切断电源后,应及时挂上"禁止合闸,有人工作"的警告示牌,必要时应加锁,带走电源开关内的熔断器,然后才能工作。

(5) 工作结束后应遵守停电、送电制度,禁止约时送电,同时应取下警告牌,装上电源开关的熔断器。

(6) 低压线路带电操作时,应设专人监护,使用有绝缘柄的工具;必须穿长袖衣服和长裤,扣紧袖口,穿绝缘鞋,戴绝缘手套;工作时站在绝缘垫上。

(7) 发现有人触电,应立即采取抢救措施,绝不允许临危逃离现场。

(二) 电气设备安全运行的基本要求

(1) 对各种电气设备应根据环境的特点建立相适应的电气设备运行管理规程和电气设备的安装规程,以保证设备处于良好的安全工作状态。

(2) 为了保持电气设备正常运行,必须制定维护检修规程。定期对各种电气设备进行维护检修,消除隐患,防止设备和人身事故的发生。

(3) 应建立各种安全操作规程。如变配电室值班安全操作规程,电气装置安装规程,电气装置检修、安全操作规程,手持式电动工具的管理、使用、检查和维修安全技术规程,等等。

(4) 对电气设备制定的安全检查制度应认真执行。例如,定期检查电气设备的绝缘情况,保护接零和保护接地是否牢靠,灭火器材是否齐全,电气连接部位是否完好,等等,发现问题应及时维护检修。

(5)应遵守负荷开关和隔离开关操作顺序:断开电源时应先断开负荷开关,再断开隔离开关;而接通电源时顺序相反,即先合上隔离开关,再合上负荷开关。

(6)为了尽快排除故障和各种不正常运行情况,电气设备一般都应装有过载保护、短路保护、欠电压和失压保护以及断相保护和防止误操作保护等措施。

(7)凡有可能遭雷击的电气设备,都应装有防雷装置。

(8)对于使用中的电气设备,应定期测定其绝缘电阻,接地装置定期测定接地电阻,对安全工具、避雷器、变压器油等也应定期检查、测定或进行耐压试验。

(三)安全使用电气设备基本知识

(1)为了保证高压检修工作的安全,必须坚持必要的安全工作制度,如工作票制度、工作监护制度等。

(2)使用手提移动电器、机床和钳台上的局部照明灯及行灯等,都应使用36 V及以下的低电压;在金属容器(如锅炉)、管道内使用手提移动电器及行灯时,电压不允许超过12 V,并要加接临时开关,还应有专人在容器外监护。

(3)有多人同时进行停电作业时,必须由电工组长负责及指挥,工作结束应由组长发令合闸通电。

(4)对断落在地面的带电导线,为了防止触电及跨步电压,应撤离电线落地点15~20 m,并设专人看守,直到事故处理完毕。若人已在跨步电压区域,则应立即用单脚或双脚并拢迅速跳到15~20 m以外地区,千万不能大步奔跑,以防跨步电压触电。

(5)电灯分路线每一分路装接的电灯数和插座数一般不超过25只,最大电流不应超过15 A。而电热分路每一分路安装插座数,一般不超过6只,最大电流应不超过30 A。

(6)在一个插座上不可接过多用电器具,大功率用电器应单独装接相应电流的插座。

(7)装接熔断器应完好无损,接触应紧密可靠。熔断器和熔体大小应根据工作电流的大小来选择,不能随意安装。各级熔体相互配合,下一级应比上一级小,以免越级断电。

(8)敷设导线时应将导线穿在金属或塑料套管中间,然后埋在墙内或地下;严禁将导线直接埋设在墙内或地下。

(四)停送电原则

1. 隔离开关操作安全技术

(1)手动合隔离开关时,先拔出联锁销子,开始要缓慢,当刀片接近刀嘴时,要迅速果断合上,以防产生弧光。但在合到终了时,不得用力过猛,防止冲击力过大而损坏隔离开关绝缘。

(2)手动拉闸时,应按"慢—快—慢"的过程进行。开始时,将动触头从固定触头中缓慢拉出,使之有一小间隙。若有较大电弧(错拉),应迅速合上;若电弧较小,则迅速将动触头拉开,以利灭弧。拉至接近终了,应缓慢,防止冲击力过大,损坏隔离开关绝缘子和操作机构。

(3) 隔离开关操作完毕,应检查其开、合位置,三相同期情况及触头接触插入深度均应正常。

2. 断路器操作安全技术

(1) 操作控制开关时,操作应到位,停留时间以灯光亮或灭为限,不要过快松开控制开关,防止分、合闸操作失灵。操作控制开关时,不要用力过猛,以免损坏控制开关。断路器操作完毕,应检查断路器位置状态。

(2) 为了防止带负荷拉、合刀闸,缩小事故范围,在进行倒闸操作时要求遵循下列顺序:停电应该由负荷端往电源端一级一级停电;送电顺序相反,即由电源端往负荷端一级一级送电。

(3) 在倒闸操作过程中,若发现带负荷误拉、合隔离开关,则误拉的隔离开关不得再合上,误合的隔离开关不得再拉开。

复习思考题

1. 如何防范无证上岗安全事故的发生?
2. 如何防范设备设施不完善引发的触电事故?

附 录

附录 1 X62W铣床电路原理图

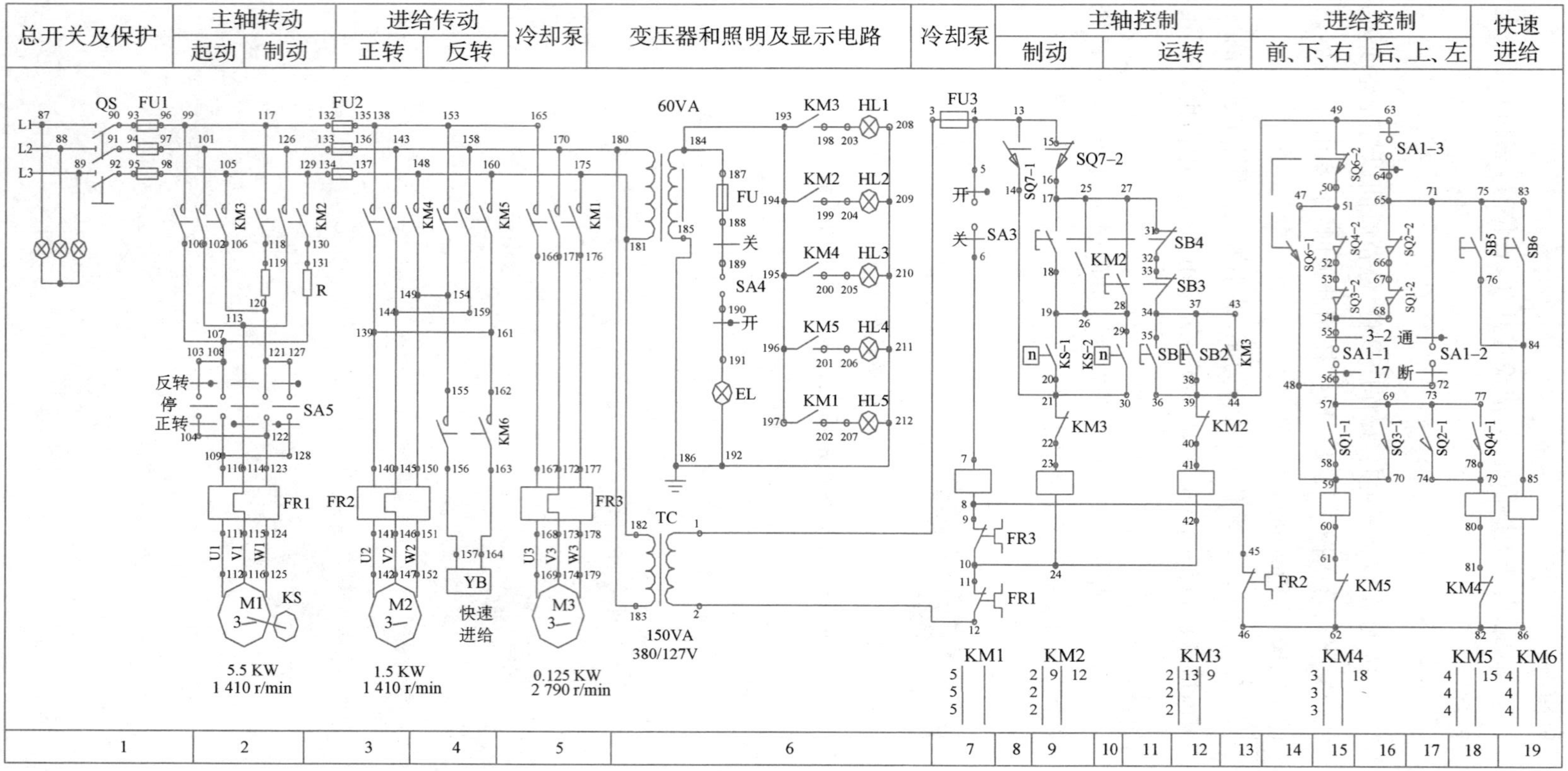

附录 2　T68 铣床电路原理图

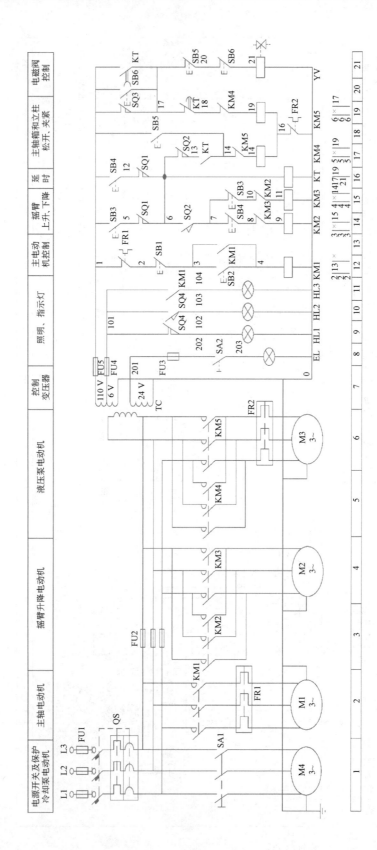

附录3　Z3040摇臂钻床电气控制线路

参考文献

1. 金明. 维修电工实训教程[M]. 南京:东南大学出版社,2006.
2. 人力资源和社会保障部教材办公室. 维修电工初级、中级、高级[M]. 北京:中国劳动社会保障出版社,2022.
3. 孙余凯. 新编电工使用手册[M]. 天津:天津科学技术出版社,2022.
4. 吴全. 维修电工实训教程[M]. 北京:北京理工大学出版社,2016.
5. 张辉. 维修电工实训教程[M]. 北京:北京交通大学出版社,2014.
6. 中安华邦(北京)安全生产技术研究院. 低压电工作业[M]. 北京:团结出版社,2019.

图书在版编目(CIP)数据

维修电工实训/胡绍金主编. —上海:复旦大学出版社,2024.2
ISBN 978-7-309-17226-3

Ⅰ.①维⋯　Ⅱ.①胡⋯　Ⅲ.①电工-维修　Ⅳ.①TM07

中国国家版本馆 CIP 数据核字(2024)第 022849 号

维修电工实训
胡绍金　主编
责任编辑/张志军

复旦大学出版社有限公司出版发行
上海市国权路 579 号　邮编:200433
网址:fupnet@fudanpress.com　http://www.fudanpress.com
门市零售:86-21-65102580　　团体订购:86-21-65104505
出版部电话:86-21-65642845
上海四维数字图文有限公司

开本 787 毫米×1092 毫米　1/16　印张 16.5　字数 351 千字
2024 年 2 月第 1 版第 1 次印刷

ISBN 978-7-309-17226-3/T・751
定价:52.00 元

如有印装质量问题,请向复旦大学出版社有限公司出版部调换。
版权所有　　侵权必究